道路トンネル非常用施設設置基準・同解説

令和元年 9 月

公益社団法人　日本道路協会

序

　トンネルは閉鎖された空間であるため，ひとたび火災が発生すれば重大な事故につながるおそれがあり，道路トンネルの非常用施設は，被害を最小限にとどめるために欠くことのできないものである。

　道路トンネルの非常用施設に関する技術的な基準は，昭和42年に「道路トンネルにおける非常用施設の設置基準」として制定され，その後の社会情勢の変化等に応じて昭和49年，56年に改定が行われてきている。

　日本道路協会では，平成13年にそれまでの実績や経験と研究の成果を結集して，基準の解説書として「道路トンネル非常用施設設置基準・同解説」を刊行した。その後，平成31年3月に道路トンネル非常用施設設置基準が改定されたことを踏まえ，解説書を改定する運びとなった。本改定版は，道路トンネルの非常用施設に関するこれまでの実績と経験を踏まえるとともに最新の知見を反映し，記載内容の充実を図り，とりまとめたものである。

　本書が，道路トンネルの非常用施設の整備にあたり，多くの技術者に活用され，道路トンネルの安全・安心の確保に大いに貢献することを心から祈念する。

　令和元年9月

　　　　　　　　　　　　　　公益社団法人　日本道路協会会長
　　　　　　　　　　　　　　　　　　金　井　道　夫

まえがき

　道路トンネルの非常用施設に関する技術的な基準として，昭和56年に建設省都市局長・道路局長から「道路トンネル非常用施設設置基準」が通達され，その解説書として平成13年に日本道路協会から「道路トンネル非常用施設設置基準・同解説」が発刊された。これらの基準類は，統一された考え方のもとでの各トンネルの非常用施設の設置にあたり，技術者の拠り所として大いに活用されてきた。

　その後，自動車の性能向上等による排出ガス濃度の減少等にともない換気施設が不要となる場合が増えつつあり，従前は換気施設も活用されてきた排煙設備の設置条件の明確化が望まれるようになった。また，海外では，トンネルでの重大な火災事故の発生を受け，訓練や連携といったソフト対策も含めて非常用施設に関する基準が強化された。加えて，新しい技術の開発や現場での試行が進む中，新技術の適用を妨げない記載内容が望まれるようになった。

　これらの社会情勢の変化を踏まえ，「道路トンネル非常用施設設置基準」が改定され，平成31年3月に国土交通省都市局長・道路局長より通達された。また，日本道路協会トンネル委員会では，トンネル付属施設小委員会のもとに，非常用施設WGを設置し，国土交通省，総務省消防庁，高速道路会社をはじめとする関係各機関および各分野の専門家のご協力を得て，従来の実績と経験を踏まえるとともに最新の技術を盛り込むべく討議を重ね，解説の改定作業を進めてきた。そして，令和元年9月に「道路トンネル非常用施設設置基準・同解説」を発刊することになった。

　本書は，道路トンネル非常用施設設置基準の改定に対する解説を加えることにより，基準の内容を補完し，トンネル技術者が基準の主旨を理解するうえで参考となるようとりまとめたものである。

今回の道路トンネル非常用施設設置基準の主な改定点は以下のとおりである。
　(1) 避難通路と排煙設備の役割を踏まえ，設置条件を明確にした。
　(2) 運用・連携等の記載を充実化した。
　(3) 新技術導入への配慮および最新の知見等の反映を行った。
また，解説にかかる部分の主な改定点は以下のとおりである。
　(1) 火災の状況変化に応じた各設備の役割を記述した。
　(2) 必要に応じて設置する施設（△印）の設置条件を詳しく記述し，避難通路と排煙設備については設置条件を強化した。
　(3) 各設備が有する機能を具体的に説明するとともに，新技術を導入した事例についても記述した。
　(4) 各設備の運用において，あらかじめ定めておくべき基本事項を記述した。
　(5) 連携，訓練，広報・啓発活動を行うにあたり考慮すべき基本事項を記述した。
最後に，本書の作成にあたって，多大な努力を払われた委員各位に対し，深甚の敬意を表するものである。

　令和元年9月

トンネル委員会　委員長
真　下　英　人

トンネル委員会

委員長	真下 英人		
委員 （50音順）	砂金 伸治	石太 村利明 太田 裕之	伊藤 哲男 大津 敏郎
	上原 勇気	川端 信義	菅野 俊男
	加藤 晃一	日下 敦	倉持 秀明
	岸田 潔	城間 博通	東川 直正
	小林 賢太郎	七澤 利明	西村 和夫
	仲 義史	平城 正隆	松本 健一
	信太 啓貴	安井 成豊	矢野 槙登
	八木 弘昭	吉富 幸雄	若林 和寛
	山田 隆裕	長田 英和	森本 和
幹事	伊藤 善智		
	森本		

トンネル付属施設小委員会

小委員長	砂金 伸治		
副委員長	長田 英和	渡辺 隆幸	
委　　員	味原 和広	東　 晋一郎	阿部 真男
（50音順）	石戸谷 淳	石村 利明	伊藤 哲男
	伊藤 善裕	今村 一基	上田 勝久
	上原 勇気	榎本 真也	楮本 元
	菊地 勝治	日下 敦	小嶋 正一
	齊藤 博之	坂口 琢磨	笹川 陽平
	佐々部 智文	佐藤 恵一	佐藤 常人
	佐藤 宏一	設樂 隆久	清水 雅之
	田崎 敏郎	寺戸 秀和	中本 勝
	七澤 利明	鳴海 真人	村井 逸夫
	濱辺 圭二	東　 三千春	平井 達也
	深澤 元	堀内 浩三郎	松尾 俊寛
	間渕 利明	森本 和寛	森本 智
	矢野 槙一	吉岡 大地	

トンネル付属施設小委員会
非 常 用 施 設 WG

主　査	砂　金　伸　治		
委　員	阿　部　　　真	石　村　利　明	伊　藤　善　裕
（50音順）	今　村　一　基	上　原　勇　気	榎　本　真　也
	日　下　　　敦	齊　藤　博　之	坂　口　琢　磨
	笹　川　陽　平	佐々部　智　文	佐　藤　宏　一
	清　水　雅　之	鈴　木　清　輝	高　根　　　努
	千　村　俊　明	寺　戸　秀　和	中　本　　　勝
	七　澤　利　明	鳴　海　真　人	平　井　達　也
	深　澤　　　元	藤　田　素　三	堀　内　浩三郎
	間　渕　利　明	宮　嶋　　　大	森　本　和　寛
	森　本　　　智	矢　野　槙　一	

目 次

1. 総則 ………………………………………………………………… 1
   1-1 適用の範囲 …………………………………………………… 1
   1-2 一般 ……………………………………………………………… 2
2. 非常用施設の種類及び機能 ……………………………………… 5
3. 設置計画 …………………………………………………………… 9
   3-1 トンネルの等級区分 ………………………………………… 9
   3-2 設置計画 ……………………………………………………… 16
4. 設計 ……………………………………………………………… 25
   4-1 一般 …………………………………………………………… 25
   4-2 通報設備 ……………………………………………………… 27
   4-3 警報設備 ……………………………………………………… 40
   4-4 消火設備 ……………………………………………………… 50
   4-5 避難誘導設備 ………………………………………………… 57
   4-6 その他の設備 ………………………………………………… 69
5. 運用 ……………………………………………………………… 77
   5-1 一般 …………………………………………………………… 77
   5-2 通報設備 ……………………………………………………… 84
   5-3 警報設備 ……………………………………………………… 86
   5-4 避難誘導設備 ………………………………………………… 88
   5-5 その他の設備 ………………………………………………… 95
   5-6 照明施設 ……………………………………………………… 97

付属資料
   付属資料1 関連設備 ……………………………………………… 101
   付属資料2 運用マニュアル策定に関する参考資料 …………… 115

1. 総　則

1-1　適用の範囲

> この基準は，道路構造令に従い新設又は改築する道路のトンネルのうち，延長100m以上のトンネルにおいて非常用施設を設ける場合に適用する。

【解　説】

　道路トンネルの非常用施設は，道路構造令（昭和45年政令第320号）第34条第3項において，「トンネルにおける車両の火災その他の事故により交通に危険を及ぼすおそれがある場合においては，必要に応じ，通報施設，警報施設，消火施設その他の非常用施設を設けるものとする。」と規定されている。トンネル内において車両の火災，衝突や追突による交通事故が発生した場合，安全かつ円滑な交通を確保することができなくなるおそれがあり，それらによる影響を最小限にする必要がある。

　道路トンネル非常用施設設置基準（以下「基準」という）においては，道路構造令に従い新設または改築する道路のトンネルのうち，延長100m以上のトンネルにおいて非常用施設を設ける場合に適用するとしている。延長100m未満のトンネルについては，トンネル内で火災その他の事故が発生したとしても，トンネル内の利用者はそれをすぐに発見でき，速やかに避難できる可能性が高いと考えられることから，適用の範囲としていない。

1-2 一般

> 非常用施設の設置にあたっては,非常用施設のトンネル防災全体における役割を認識するとともに,設置目的及び運用方法を明確にして計画しなければならない。

【解 説】
1) トンネルの防災対策

　トンネルは閉鎖された空間であるため,火災その他の事故に対する対策(以下「防災対策」という)には十分な検討が必要である。トンネル内で火災が発生すれば重大な事故につながるおそれがあるため,トンネルの防災対策は人命の確保を主要な目的として適切に行う必要がある。とくに,火災が発生した場合やそのおそれがある場合に,利用者にその危険性を速やかに認識させ,火勢が拡大する前に自ら避難できるようにすることが重要である。

　道路管理者が行うトンネルの防災対策としては,火災その他の事故を未然に防止するための予防対策と,火災その他の事故が発生した場合の被害を最小限にとどめるための非常用施設の設置および運用による対策があげられる。この両対策はともに重要であり,防災対策全体として整合のとれたものとする必要があるため,非常用施設の計画にあたってはトンネルの防災対策全体における役割を十分に認識したうえで設置目的や運用方法を明確にして行う必要がある。

　また,火災その他の事故が発生した場合は,非常用施設の設置および運用による対策とともに,関係機関との連携や,広域的な情報提供により事故後のトンネル内への利用者の流入を防ぐこと等も重要である。

① 予防対策

　予防対策は,火災その他の事故を未然に防止することを目的としている。予

防対策としては，火災その他の事故につながる危険な交通状態が生じないように，利用者に各種の法的な規則（道路法，道路交通法，道路運送車両法等）を遵守させる措置やトンネルの交通管理を行うこと等がある。また，良好な視環境を確保し安全で快適な通行を確保するための合理的なトンネルの平面線形，縦断線形および構造の確保，適切な換気施設，照明施設等の設置もある。これらは，トンネルの防災を支える基本的かつ重要なものである。

予防対策においては，道路管理者が関係機関と連携することが重要である。

② 非常用施設の設置および運用による対策

非常用施設の設置および運用による対策は，火災その他の事故が発生した場合に被害を最小限にとどめることを目的としている。非常用施設の各設備の設置目的や運用方法を明確化して設置計画を定めるに際しては，火災の段階に応じて変わる利用者の行動や関係機関の活動を考慮する必要がある。このため，道路トンネル非常用施設設置基準・同解説（以下「本解説」という）では，火災が発生してから火勢が拡大するまでを想定した火災初期段階と，火勢が拡大してから消火活動等による鎮火を経て交通開放に至るまでを想定した火災後期段階の2段階に分類したうえで，各段階における利用者の行動や関係機関による活動を考慮して各設備の役割や道路管理者による運用のあり方等について示している。また，路線の重要性や交通条件，トンネルの構造条件，管理体制等も，各設備の設置目的や運用方法を明確化するために重要な前提条件であり，これらを考慮して設置計画を定める必要がある。

さらに，非常用施設の目的や役割，火災その他の事故の発生時に利用者に求める避難行動等について周知するための措置（広報・啓発活動）を講じることも効果的である。

なお，今後の技術の進展にともない，非常用施設に関しても新しい技術を導入した機器が開発されることも想定される。新技術の活用においては，非常用施設の目的を十分に理解し，既往の設備と同等あるいはそれ以上の機能を発揮することについて確認するなど留意する必要がある。

2）**用語の説明**

本解説における用語の定義は，以下のとおりである．

①等級

　非常用施設を設置するために当該トンネルの延長および交通量等をもとに区分されたものをいう．ＡＡ等級，Ａ等級，Ｂ等級，Ｃ等級，Ｄ等級の5つがある．

②火災初期段階

　火災の発生から火勢が拡大するまでを想定した段階であり，主として火災発生の覚知や初期消火，避難が行われることを考慮している．

③火災後期段階

　火勢が拡大してから鎮火を経て交通開放するまでを想定した段階であり，主として救助・消火活動や，交通開放に向けた復旧活動が行われることを考慮している．

④利用者

　当該トンネルあるいはトンネルに接続する道路を利用している者をいう．なお，利用者以外を含む場合を利用者等として区別している．

2. 非常用施設の種類及び機能

設置目的に応じた非常用施設の種類及び機能は次のとおりとする。
(1) 通報設備
　トンネル内における火災その他の事故の発生を管理所等へ通報し，警報設備の制御，救助活動，消火活動等に役立たせるための設備であり，通話型通報設備，操作型通報設備及び自動通報設備がある。
　通話型通報設備は，利用者が同時通話によりトンネル内における火災その他の事故の発生を管理所等へ通報するための設備である。
　操作型通報設備は，利用者が手動操作によりトンネル内における火災その他の事故の発生を管理所等へ通報するための設備である。
　自動通報設備は，トンネル内における火災を自動的に検知し，管理所等へ通報するための設備である。
(2) 警報設備
　トンネル内における火災その他の事故の発生を利用者に知らせ，二次的災害の軽減を図るための設備であり，非常警報設備がある。
(3) 消火設備
　トンネル内の利用者等が初期消火に用いるための設備であり，消火器及び消火栓設備がある。
(4) 避難誘導設備
　トンネル内で火災その他の事故に遭遇した利用者を当該トンネルの外へ安全に誘導，避難させるための設備であり，誘導表示設備，避難情報提供設備，避難通路及び排煙設備がある。

誘導表示設備は，出口又は避難通路までの距離，方向，位置等の情報を表示し，トンネル内の利用者を当該トンネルの外へ誘導するための設備である。

　避難情報提供設備は，トンネル内で発生した火災その他の事故に対し，道路管理者等からトンネル内の利用者に避難を促す情報等を提供するための設備である。

　避難通路は，道路トンネルに接続して設置される通路で，火災その他の事故の際にトンネル内の利用者を当該トンネルの外へ避難させるための設備である。

　排煙設備は，トンネル内の煙をトンネル外へ排出又は煙の拡散の抑制等を行い，避難環境の向上若しくは救助活動，消火活動及び復旧活動の支援を図るための設備である。

(5)　その他の設備

　通報設備，警報設備，消火設備及び避難誘導設備を補完し，救助活動及び消火活動等を容易にするための設備であり，給水栓設備，無線通信補助設備，水噴霧設備，監視設備等がある。

　給水栓設備は，消防隊による消火活動に資するための設備である。

　無線通信補助設備は，トンネル内の救助活動，消火活動等に際して，トンネル外部との連絡に資するための設備である。

　水噴霧設備は，微細な粒子状の水を噴出することによって火災の延焼及び拡大を抑制し，消火活動等を支援するための設備である。

　監視設備は，通報設備等から受けた情報の確認及び避難行動，救助活動，消火活動等の状況監視を行うための設備である。

【解　説】

　非常用施設には通報設備，警報設備，消火設備，避難誘導設備およびその他

の設備があり，各設備の設置目的に応じ，火災その他の事故の状況に応じた利用者等の対応や行動を考慮して設置する必要がある。とくに，火災発生時には，時間の経過とともに状況が変化することを考慮する必要がある。火災の状況変化に応じた利用者等の対応・行動と非常用施設の適用段階の一例として，**解説図－2.1**にイメージを示す。

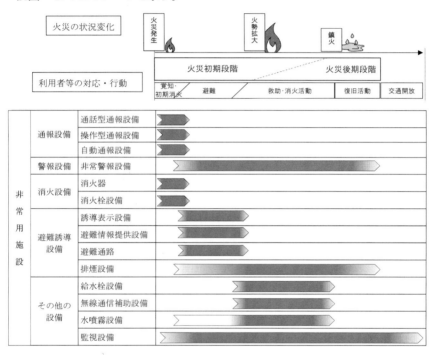

解説図－2.1 火災の状況変化に応じた利用者等の対応・行動と非常用施設の適用段階のイメージ

火災初期段階においては，通報設備による通報，警報設備による利用者への警報の発出，消火設備を用いた初期消火および避難誘導設備を用いた避難が行われることを考慮している。一般に，火勢が拡大するまでの時間は比較的短く，その間に自動通報設備による管理所等への通報が行われるとともに，トン

ネル内の利用者によって，通話型通報設備や操作型通報設備を用いて管理所等へ通報される。また，利用者等により消火器や消火栓設備を用いた初期消火が行われるとともに，利用者は誘導表示設備や避難情報提供設備の情報をもとに避難通路等から当該トンネルの外へ避難する。条件によっては，排煙設備による煙の排出によってトンネル内の避難環境の向上を図るとともに，水噴霧設備により火災の延焼や拡大の抑制，消火活動等の支援を行う場合がある。加えて，火災その他の事故が発生したトンネル内への更なる利用者の流入を防止するため，非常警報設備により警報を発することになる。

火災後期段階においては，消防等の関係機関による救助・消火活動，道路管理者による交通開放に向けた復旧活動が行われることを考慮している。救助・消火活動においては，給水栓設備や無線通信補助設備を用いてその活動の支援が行われる。また，排煙設備により煙を排出し，救助・消火活動を支援するとともに，鎮火後は交通開放に向けた復旧活動に資する支援を行う。また，水噴霧設備により火災の延焼や拡大の抑制，消火活動等の支援が行われる。

また，段階を問わず，監視設備により情報の確認や状況の監視が行われる。

ただし，上述の過程は一例であり，救助・消火活動において火災後期段階に避難通路を活用する場合があることや，対面通行トンネルや歩道付きトンネルにおいては火災初期段階における排煙設備の運転が困難である場合があること等から，上述の適用段階はこれと異なることがある。

このほか，非常用施設の関連設備として，非常用施設を制御する設備，水を供給する設備，停電時に電力を供給する設備，ダクト内の空気を冷却する設備等がある。

3. 設置計画

3-1 トンネルの等級区分

　トンネルの非常用施設設置のための等級は，その延長及び交通量に応じて図-3.1に示すように区分することを標準とする。

　ただし，高速自動車国道等設計速度が高い道路のトンネルで延長が長いトンネル又は平面線形若しくは縦断線形の特に屈曲している等見通しの悪いトンネルにあっては，必要に応じて一階級上位の等級としてよい。

　また，交通量が40,000台/日以上のトンネルにおいては，交通状況，トンネル周辺の状況等を考慮し，個別に等級を定める。

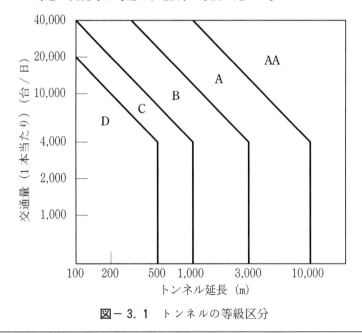

図-3.1　トンネルの等級区分

【解　説】
1）等級区分

　非常用施設の設置計画の策定にあたって，その施設規模を決定する際に考慮すべき事項は，トンネル延長，交通量に加えて平面線形，縦断線形，設計速度，換気方式，交通形態および管理体制等多岐にわたる。本来は，これらの諸条件を考慮して個々のトンネルについて総合的に評価・検討を行い，非常用施設の設置計画を策定することが望ましい。しかしながら，すべてのトンネルに対し個別にこのような検討を行うことは実務上極めて困難であることから，これまでの基準においては，全国のトンネル内の火災発生率および事故発生率の実績や火災発生後の影響等を考慮して，トンネルを延長と交通量に応じたAA等級，A等級，B等級，C等級，D等級の5つ（AA等級が最上位）に区分し，等級に応じて非常用施設を設置することとしていた。近年においても，全国のトンネル内の火災発生の割合が，上位の等級のトンネルで高く，下位の等級のトンネルで低いことが確認されていることから，今回の基準においても，これまでと同様の等級区分を用いることとしている。

　具体的には，図－3.1に示されるように，等級はトンネル1本当たりの交通量が4,000台/日以上～40,000台/日未満の場合には，交通量およびトンネル延長に応じて区分することを標準としている。また，交通量が少ない場合でもトンネル延長が長いと火災が発生した場合に被害が大きくなる危険性も考えられるため，交通量が4,000台/日未満のトンネルにおいてはトンネル延長による区分を設けている。

　図－3.1に示される各等級の境界は，以下のとおりとなる。

① トンネル1本当たりの交通量が4,000台/日以上～40,000台/日未満の場合
　　・AA 等級：$40 \times 10^6 \leq T \times L$
　　・A 　等級：$12 \times 10^6 \leq T \times L < 40 \times 10^6$
　　・B 　等級：$4 \times 10^6 \leq T \times L < 12 \times 10^6$

- C 等 級：$2\times10^6 \leqq T\times L < 4\times10^6$
- D 等 級：$\phantom{2\times10^6 \leqq{}} T\times L < 2\times10^6$

② トンネル1本当たりの交通量が4,000台／日未満の場合
- AA 等 級：$10,000 \leqq L$
- A 等 級：$3,000 \leqq L < 10,000$
- B 等 級：$1,000 \leqq L < 3,000$
- C 等 級：$500 \leqq L < 1,000$
- D 等 級：$\phantom{3,000 \leqq{}} L < 500$

ここに，T：トンネル1本当たりの交通量（台／日）
　　　　　L：トンネル延長（m）

なお，トンネル1本当たりの交通量が40,000台／日以上のトンネルにおいては，交通状況，トンネル周辺の状況等を考慮し，個別に等級を定めることとしている。等級の設定にあたっては，トンネル延長，路線の重要度のほか，平面線形，縦断線形，設計速度，換気方式，交通形態，管理体制等を考慮する必要がある。

2）延長

トンネルの等級を定めるうえでの延長は，当該トンネルの延長を用いることが基本となる。ただし，以下に示す特殊な条件のトンネルに対しては，個別の条件を考慮したうえで，等級を定めるうえでの延長を適切に設定していく必要がある。

① トンネルが連続する場合

トンネル坑口間が非常に短くトンネルが連続する（**解説図**－3.1）ことで，一方のトンネルの火災時の煙が他方のトンネルに影響を及ぼすと考えられる場合には，両トンネルの延長（**解説図**－3.1におけるL1+L2）に，明かり区間の延長（同L3）を含めて連続した1本のトンネルとみなした延長を用いる。

ただし，坑口間に安全な避難場所が確保できる場合や，連続するトンネル間で煙の影響がないと判断できる場合を除く。

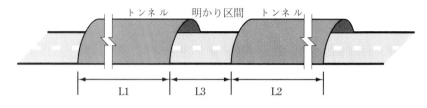

解説図－3.1 トンネルが連続する場合の概念図

② トンネルが掘割道路等と隣接する場合

トンネルが開口幅の小さい掘割道路や覆道（シェッド・シェルター）に隣接する場合（**解説図－3.2**），火災その他の事故の際に掘割道路等がトンネル内と同様の状況になるおそれがある。この場合には，当該掘割道路等の開口幅，延長，交通方式，交通量，前後の道路構造等を考慮し，必要に応じて掘割道路等の延長を含めて連続した1本のトンネルとみなした延長を用いる。ただし，掘割道路等に安全な避難場所や非常口が確保できる場合や，火災時に煙の影響がないと判断できる場合を除く。

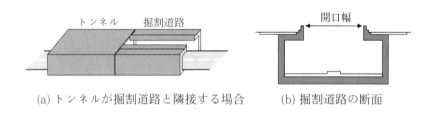

(a) トンネルが掘割道路と隣接する場合　　(b) 掘割道路の断面

解説図－3.2 トンネルが掘割道路と隣接する場合の概念図

③ 分岐・合流を有するトンネルの場合

分岐・合流を有するトンネルの場合には，分岐・合流によって接続する

各トンネルの交通量，構造条件，位置関係等から，一つのトンネルとみなす区間を適切に設定し，その区間の延長を用いる。

たとえば，本線トンネルと接続するランプトンネルについては，ランプトンネル区間の延長を用いて等級を定めることが基本となる。ただし，接続する本線トンネルとランプトンネルの交通量，構造条件，位置関係等から，両者を一つのトンネルとみなすのが適切と考えられる場合には，両者を合わせて延長を設定し，等級を定めることとなる。

3) 交通量

等級を定めるうえでの交通量は，トンネル1本当たりの日交通量であり，一般的には道路の設計の際に用いる計画交通量をトンネル1本当たりに換算した値を用いる。ここで，計画交通量は一般に，計画策定時から20年後を計画目標年次と考えることが多いため，等級の決定にあたっても，20年後を想定した値を用いることが基本となる。ただし，路線の特徴およびトンネルの整備時期等に応じた交通量の違いを考慮して等級を定める場合もある。たとえば，完成時にはトンネル2本を計画している路線において，暫定的にトンネル1本を整備して対面通行で供用するなどで計画目標年次より前にトンネル1本当たりの日交通量が最大となることが想定される場合や，計画目標年次に至るまでの交通量の変動が大きくなることが想定される場合は，等級を定めるうえでの交通量を柔軟に設定し，効率的な設備の設置計画を策定することがある。この場合，覆工の箱抜き，配水本管等，トンネル本体工に影響を及ぼす事項については，あらかじめ上位の等級に合わせた計画とするのが合理的であると考えられる。一方で，2本目のトンネル整備の計画が具体化している場合に，暫定的に供用する期間が比較的短いことから，非常用施設の設置を段階的に行った例もある。

なお，供用後の交通量の変動が著しく，供用後の交通量が計画策定時に設定した計画交通量と大きく異なる場合には，等級の見直しを行い，新たに設定した等級に応じた非常用施設の設置を行うことがある。この際，大規模な土木

工事が必要となるなどの理由により直ちに設置することが困難な施設については，段階的に設置を行うといった対応がある。

4) 一階級上位の等級として考えてよいトンネルの条件

図-3.1に示すトンネルの等級区分は，トンネル延長，交通量といった基本的事項に基づき，標準的な区分を示したものである。したがって，トンネルの等級を定める場合には，単にトンネル延長と交通量によってのみ定めるのではなく，当該トンネルの特性を十分考慮し，適切に定める必要がある。とくに，以下の条件においては一階級上位の等級として考えてよい。ここで，一階級上位の等級とは，たとえばA等級の場合はAA等級を指す。

① 設計速度が高く延長が長いトンネル

一般に路線の重要度が高く，交通量が多いトンネルにおいては，火災その他の事故が発生した場合の社会的影響が大きく，また，多数の車両がトンネル内に滞留・停車することで，救助・消火活動の対象が拡大しやすくなるとともに，復旧活動に時間を要するおそれがある。このため，高速自動車国道，自動車専用道路など設計速度が高い（80km/h以上）道路のトンネルで，延長が長く（3,000m以上），トンネル1本当たりの交通量が多い（4,000台/日以上）対面通行の場合は，延長と交通量から定まる等級よりも一階級上位の等級として考えてよい。

② 見通しの悪いトンネル

地形の状況その他の特別理由により，平面線形や縦断線形が厳しい条件のトンネルでは，トンネル内の見通しが悪く，事故や渋滞等が発生しやすくなるおそれがある。このため，平面線形にあっては**解説表-3.1**に示す曲線半径の値より小さな値，また，縦断線形にあっては**解説表-3.1**に示す縦断勾配の値より大きな値を用いているために見通しが悪くなるトンネルについては，延長と交通量から定まる等級よりも一階級上位の等級として考えてよい。なお，**解説表-3.1**に示す値は，道路構造令に示された曲線半径および縦断勾配の規定値に基づいている。

解説表－3.1 設計速度と曲線半径・縦断勾配の目安

設計速度(km/h)	曲線半径(m)	縦断勾配(%)
120	710	2
100	460	3
80	280	4
60	150	5
50	100	6
40	60	7
30	30	8
20	15	9

3−2 設置計画

(1) トンネルには，火災その他の事故の際の連絡や危険防止，事故の拡大防止のため，トンネルの構造，交通量等の特性に応じた非常用施設を設置しなければならない。

(2) (1)を満足するため，トンネルには等級に応じて，**表−3.1**に示す施設を設置することを標準とする。

表−3.1 トンネルの等級別の非常用施設

非常用施設		等級 AA	A	B	C	D
通報設備	通話型通報設備	○	○	○	○	
	操作型通報設備	○	○	○	○	
	自動通報設備	○	△			
警報設備	非常警報設備	○	○	○	○	
消火設備	消火器	○	○	○		
	消火栓設備	○	○			
避難誘導設備	誘導表示設備	○	○	○		
	避難情報提供設備	○	△			
	避難通路	○	△			
	排煙設備	○	△			
その他の設備	給水栓設備	○	△			
	無線通信補助設備	○	△			
	水噴霧設備	○	△			
	監視設備	○	△			

(注) 上表中○印は「設置する」，△印は「必要に応じて設置する」ことを示す。

【解　説】
(1)(2)　表-3.1は，火災その他の事故の際の連絡や危険防止，事故の拡大防止のためにトンネルの等級に応じて設置する非常用施設の標準を示している。

　今回の基準においては，従来と異なり避難通路と排煙設備について，それぞれの設置目的および機能を考慮し，設置する設備要件を明確にしたうえで分離し，等級に応じて設置することを標準としている。また，近年の性能規定化に向けた取組みや新技術の開発状況等を考慮し，設備の仕様が特定の範囲に限定されてしまう従来の設備名称から，求める機能を示す新たな設備名称へ変更された。さらに，ラジオ再放送設備（割込み機能付き）および拡声放送設備については，これまではその他の設備に分類されていたが，その設置目的および機能をふまえ，避難情報提供設備に名称を変更して避難誘導設備として位置付けられた。これにともない，4-5(2)に示すように，避難情報提供設備を設置する場合には，ラジオ再放送設備（割込み機能付き）に代表される車内への情報提供設備と，拡声放送設備に代表される車外への情報提供設備の双方が設置されることとなる。

1)　設備の設置が必要なトンネルの条件
　表-3.1中の〇印は，当該設備を設置することを示している。
　また，表-3.1中の△印は，当該設備を必要に応じて設置することを示しており，以下の条件においては設置が必要と考えてよい。なお，条件中の数値等は目安であり，条件を満たさない場合であっても，当該トンネルにおける交通条件等の特性や，火災の覚知，トンネル内の状況の把握，関係機関との連携といったトンネルの管理上の必要性を十分に考慮したうえで，設置について検討する。

　①　自動通報設備
　　以下の条件のいずれかに該当するトンネルの場合。
　　・水噴霧設備が設置され，火災発生の早期検知および箇所の特定が必要

な場合
　・排煙設備が設置され，火災初期段階の運用のため，火災発生の早期検知および箇所の特定が必要な場合
　・この他，トンネルの管理上，必要と判断される場合
② 避難情報提供設備
　(a) 車内の利用者に対する情報提供機能
　　・延長が長い（3,000m 以上）トンネルの場合
　これは，延長が長いトンネルにおいては，進入してから通過するまでに相応の時間を要することや，火災その他の事故の発生およびその状況変化等に関する道路管理者からの情報提供手段が限られていることを考慮したものである。
　(b) 車外の利用者に対する情報提供機能
　以下の条件のいずれかに該当するトンネルの場合。
　　・避難通路を設置するトンネル
　　・歩道を有するトンネル
　　・分岐・合流を有するトンネル
　これらの条件は，利用者の避難行動が複雑化するおそれがあることを考慮したものである。
③ 避難通路
　高速自動車国道および自動車専用道路で，延長や交通量が以下の条件のいずれかに該当するトンネルの場合。
　　・一定程度以上（750m 以上）の延長を有し，トンネル1本当たりの交通量がとくに多い（10,000 台／日以上）トンネル
　　・延長が長く（3,000m 以上），トンネル1本当たりの交通量が多い（4,000 台／日以上）トンネル
　これらの条件は，トンネル内での煙の拡散状況と利用者の避難行動から避難通路が必要と考えられる延長や，全国のトンネルの火災発生状況を考

慮したものである。

なお，延長が長く（3,000m以上），トンネル1本当たりの交通量が多い（4,000台／日以上）対面通行のトンネルは，避難環境の確保を考慮し設計速度や道路の区分によらず設置することが望ましい。

また，方向別に分離された2本のトンネルや歩行者専用トンネル等が近接する場合や，本線外に点検用通路，作業坑または換気用坑道を設置する場合等においては，避難連絡坑の設置等，小規模な改良により避難環境の確保が比較的容易であると考えられることから，これらを避難通路として活用することが合理的である。

④　排煙設備

一方通行トンネルでは，適切な運用体制等を構築したうえで排煙設備を設置し，事故車両もしくは火災地点より進行方向前方（車両の停滞していない側）へ排煙することにより，火災初期段階における避難環境の確保に有効となる。また，交通方式によらず火災後期段階における消防活動や早期交通開放に向けた復旧活動のための滞留する煙の排除にも有効となる。排煙設備の設置はこのような観点を考慮して判断することとなるが，少なくとも以下の条件のいずれかに該当するトンネルの場合には設置が必要と考えてよい。

a）延長が長い（3,000m以上）トンネル
b）高速自動車国道および自動車専用道路で，2.5%以上の下り縦断勾配が一定程度以上（750m以上）続き，トンネル1本当たりの交通量がとくに多い（10,000台／日以上）一方通行のトンネル

上述のa）の条件は煙が長時間滞留することが想定されることから早期交通開放の観点等を考慮したものである。上述のb）の条件のうち，縦断勾配については火災初期段階におけるトンネル内の煙の挙動を考慮したものであり，交通量については全国のトンネルの火災発生状況を考慮したものである。

なお，排煙設備を設置する条件を満たさないトンネルであっても，換気施設の設置が必要となる場合には，換気能力の範囲で排煙設備として活用することが合理的である。

⑤　給水栓設備
・消防機関による消火活動に際し必要と判断される場合

なお，設置の必要性については，消防機関との協議や調整をするのが一般的である。また，消火栓設備のあるトンネルには，配水設備が備わることから，給水栓設備を設置することが合理的である。

⑥　無線通信補助設備

以下の条件のいずれかに該当するトンネルの場合。

・延長が長い（3,000m 以上）トンネル
・この他，トンネルの管理上，必要と判断される場合

これらの条件は，消防等の関係機関による救助・消火活動に必要な無線通信の受信レベルを確保することを考慮したものであり，一般的には延長が長いトンネルにおいては設置が必要と考えられる。ただし，トンネルの構造等の条件により必要な受信レベルが確保できない場合があることから，設置にあたっては関係機関との調整が必要となる。

⑦　水噴霧設備

・延長が長く（3,000m 以上），トンネル1本当たりの交通量の多い（4,000台/日以上）トンネルで，相応の管理体制（監視設備等による24時間管理），交通方式や避難通路の有無等を考慮して水噴霧設備の有効性があると判断できる場合

これは，火災の延焼および火勢の拡大を抑制するとともに，構造物等の損傷の抑制や消防機関による救助・消火活動支援を考慮したものであり，早期交通開放が必要な社会的に重要性の高い道路のトンネルで設置が考えられる。

⑧ 監視設備

以下の条件のいずれかに該当するトンネルの場合。
・水噴霧設備が設置され，状況の監視が必要な場合
・この他，トンネルの管理上，必要と判断される場合

2）個別に検討が必要なトンネルの条件
① 非常用施設の設置

以下に示す特殊な条件のトンネルに対しては，**表－3.1**に示される等級別の設置にかかわらず，個別の条件を考慮したうえで非常用施設の設置について検討する必要がある。

（a）トンネルが連続する場合

トンネルが連続する場合（**解説図－3.3**）は，連続するトンネル間の明かり区間の延長（**解説図－3.3におけるL3**）等を考慮して，必要に応じて非常用施設の設置について検討する。例として警報表示装置の連動や，補助警報表示装置の設置を行うこと等が考えられる。

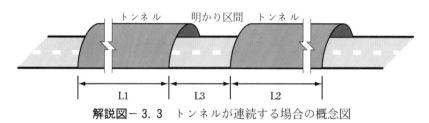

解説図－3.3 トンネルが連続する場合の概念図

（b）トンネルが掘割道路等と隣接する場合

トンネルが掘割道路等と隣接する場合（**解説図－3.4**）は，当該掘割道路等の開口幅，延長，交通方式，交通量，前後の道路構造等を考慮して，必要に応じて非常用施設の設置について検討する。例として通報設備や消火設備等の設置を行うこと等が考えられる。なお，トンネルに連続しない掘割道路についてもトンネル内と同様の状況になることが考えられる場合には，非常用施設の設置について検討している例がある。

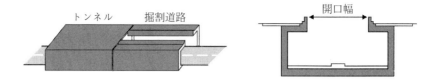

(a) トンネルが掘割道路と隣接する場合　　　(b) 掘割道路の断面

解説図－3.4　トンネルが掘割道路と隣接する場合の概念図

(c) 分岐・合流を有するトンネルの場合

　本線トンネルとランプトンネルが接続する場合等，分岐・合流を有するトンネルの場合（**解説図－3.5**）は，分岐・合流によって接続する各トンネルおよび分岐・合流部の延長，交通量，平面線形，縦断線形等を考慮して，必要に応じて非常用施設の設置について検討する。例として分岐・合流部前における警報表示装置の連動や，補助警報表示装置の設置を行うこと等が考えられる。

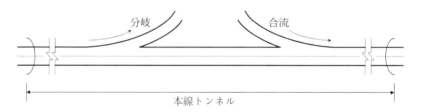

解説図－3.5　分岐・合流を有するトンネルの概念図

(d) トンネル坑口付近の明かり区間に平面交差がある場合

　トンネル坑口付近の明かり区間に平面交差がある場合（**解説図－3.6**）は，信号制御等によってトンネル内に車両の滞留が発生するおそれがあるため，坑口から平面交差までの距離や交通量等を考慮して，必要に応じて非常用施設の設置について検討する。例として補助警報表示装置等の設置を行うこと等が考えられる。

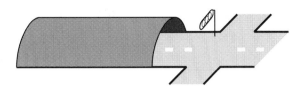

解説図-3.6 トンネル坑口付近の明かり区間に平面交差がある場合の概念図

(e) 中央分離帯に剛性防護柵が設置されている場合

　設計速度の高い対面通行トンネルにおいて，中央分離帯に剛性防護柵が設置されている場合（**解説図-3.7**）は，火災その他の事故が発生した際に，道路を横断して反対車線側に設置された非常用施設を利用することが困難となるおそれがあるため，必要に応じて非常用施設の両側への設置や配置等を検討する。なお，両側へ非常用施設を設置する際は，覆工の箱抜に伴うトンネル構造の安定性への影響について注意する必要がある。

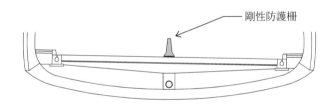

解説図-3.7 中央分離帯に剛性防護柵が設置されているトンネルの例

(f) 換気施設が設置されている場合

　平常時の換気を目的に換気施設が設置されている対面通行のトンネルでは，火災の発生後，速やかに換気機を停止し煙の拡散を極力抑制することを目的として，火災の発生を早期に検知するために，自動通報設備を設置している例がある。

② 一階級上位の等級としたトンネルにおける非常用施設の設置

「3－1 トンネルの等級区分」の規定において一階級上位の等級としたトンネルで，表－3.1において「設置する」または「必要に応じて設置する」とされた設備のうち，設備の目的に対して所定の効果が得られない場合や，他の設備の設置により所定の効果を得られる設備については，当該設備を設置しないことが考えられるため，必要に応じて個別に設置について検討する。例として延長が相応に短いトンネルにおける排煙設備等があげられる。

4．設　計

4－1　一般

> 非常用施設の設計にあたっては，設備の機能，運用方法，維持管理の容易さ等を考慮しなければならない。

【解　説】
　非常用施設は，各設備の設置目的に応じた機能を有するものが設置され，火災その他の事故が発生した際は確実に作動してその機能が適切に発揮されなければならない。このためには，当該トンネルの特性，火災その他の事故が発生した際の状況，トンネルの管理体制をふまえた運用方法，各設備の連動，利用者による非常用施設の使用方法等を考慮して，必要な機能が発揮されるよう設計する必要がある。また，日頃より健全な状態が維持されるよう適切に維持管理を行う必要があることから，トンネル内の環境に対する耐久性や維持管理の容易さ等を考慮する必要がある。このほか，各設備の設置に伴うトンネル構造の安定性への影響について考慮する必要がある。また，関係法令を遵守するとともに，必要に応じて関係機関との協議や調整等を行う必要がある。
　各設備の設計にあたって，共通事項として一般的に考慮されるのは以下の項目である。
　①設備に求める機能，運用方法および連動
　②利用者に配慮した設備の配置，視認性，操作性および確実性
　③火災に対する耐火・耐熱対策
　④停電時対策
　⑤トンネル内環境に対する耐久性

⑥維持管理の容易性
⑦トンネル構造の安定性への影響

次節以降に，各設備の設計にあたって，具体的に考慮される事項を示す。

4-2 通報設備

(1) 通話型通報設備
 1) 扱い方が簡単な方式とする。
 2) 通話型通報設備として非常電話を設置する場合,設置間隔は200m以下を標準とする。
(2) 操作型通報設備
 1) 扱い方が簡単な方式とする。
 2) 操作型通報設備として押ボタン式通報装置を設置する場合,設置間隔は50mを標準とする。
(3) 自動通報設備
 1) 排気ガスや換気流等に影響されず,火災の初期段階を的確に検知できる方式とする。
 2) 設置間隔は,火災検知能力や水噴霧設備の放水区画との関連等を考慮して定める。

【解　説】

　通報設備は,トンネル内における火災その他の事故の発生を道路管理者や関係機関の管理所等へ通報し,警報設備の制御,救助活動,消火活動等に役立たせるための設備であり,利用者が同時通話により通報する通話型通報設備,利用者が手動操作により通報する操作型通報設備と,センサ等で火災を検知する自動通報設備がある。

(1) 通話型通報設備
1)　通話型通報設備は,利用者が同時通話によりトンネル内における火災その他の事故の発生等を管理所等へ通報するための設備である。設計にあたっては,

利用者が特別な知識がなくても使用できるよう，扱い方が簡単な方式とするとしている。
2) 通話型通報設備として，従前より採用されているものに非常電話がある。非常電話は電話機と，その位置を明示するための表示灯等により構成される。また，通話型通報設備として非常電話を設置する場合は，利用者が速やかに通報できるよう，設置間隔は200m以下を標準としている。以下に，非常電話の設置に際し，一般的に考慮される事項を示す。

① 非常電話の通話方式

　非常電話の通話方式には，通報を道路管理者の管理所等で受け，管理所等から警察または消防等の関係機関へ連絡する間接連結方式（**解説図**－4.1(a)）と，トンネル内の利用者の判断により通話先を選択し警察または消防に連絡する直接連結方式（**解説図**－4.1(b)）がある。

　間接連結方式は，主に24時間管理体制のトンネルの場合に用いられ，24時間管理体制によらない場合は，直接連結方式が一般的である。なお，直接連結方式による場合は，非常電話が使用されたことを道路管理者が把握することを可能とするため，信号が送信されるなどの機能を付加する場合が多い。

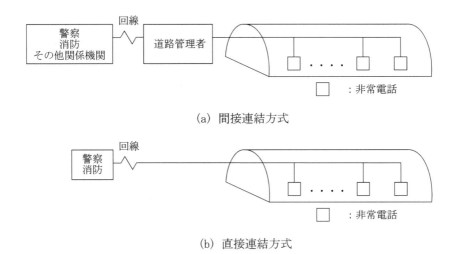

(a) 間接連結方式

(b) 直接連結方式

解説図－4.1 非常電話の通話方式の例

② 電話機

　電話機は，利用者が容易にかつ正確に情報を通報するために同時通話による方式とし，通話が明瞭であることや通話中の安全性を確保する必要がある。電話機を収納する形式として，ボックス型と壁掛型がある。

（a）ボックス型

　解説図－4.2(a)に示すようなボックス型の場合は，通話が明瞭であることや通話中の安全性に有効となる。設計においては，車両走行の風圧で扉が開かないようにするとともに，粉じんにより開閉装置等の設備の機能に支障がおきないようにする必要がある。また，箱抜きに伴うトンネル構造の安定性への影響について考慮する必要がある。**解説写真－4.1**に設置例を示す。

（b）壁掛型

　トンネルの構造上の理由等からボックス型の設置が困難な場合には，**解説図－4.2**(b)に示すような壁掛型を設置する例も多い。**解説写真－**

4.2に設置例を示す。壁掛型とする場合には，トンネル内の騒音により通話が明瞭でなくなるおそれがあるため，その対策として骨伝導式の電話機を採用した例がある。

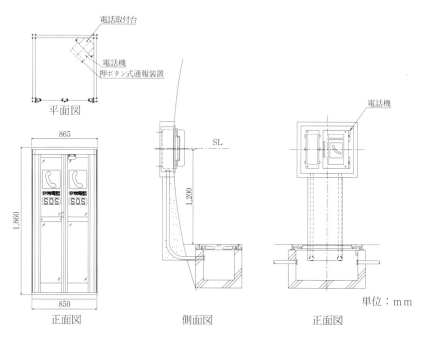

解説図－4.2　非常電話の例

解説写真－4.1　非常電話の設置の例（ボックス型）

解説写真－4.2　非常電話の設置の例（壁掛型）

③ 表示
　(a) 表示灯
　　表示灯は，トンネル内の利用者が非常電話の設置位置を速やかに確認できるようにするためのもので，形状や設置方法については，遠方からの視認性を考慮して内照式とするのが一般的である。光源は，省電力で寿命が長い LED 式が採用されている例が多い。
　(b) 表示
　　表示内容は，「道路標識，区画線及び道路標示に関する命令」（昭和35年総理府・建設省令第3号）に例示される内容とすることが一般的である。なお，トンネルの多様な利用者に配慮し「SOS」等の英語表記やピクトグラムを併記している例が多い。
④ 配置
　配置は，**解説図－4.3** に示すように200m間隔の片側配置としているのが一般的である。なお，対面通行トンネルにおいては片側200m間隔の千鳥配置としている例もある。また，トンネル内の非常駐車帯に設置される例が多い。
　さらに，トンネル内で火災その他の事故等が発生した場合には，トンネル内の利用者の行動としてまず坑口に向かうことが予想されること，また，トンネルに進入することを止めた利用者が坑口付近に滞留すること等があるため，坑口付近にも非常電話を設置する例が多い。
　また，同一箇所に非常電話，押ボタン式通報装置，消火器，消火栓設備が設置される場合には，覆工の箱抜きを一体化して併設し，配管の合理化や維持管理の容易性に配慮している例が多い。
⑤ 設置高さ
　電話機の高さは，**解説図－4.2** に示すようにトンネル内の利用者が容易に操作できるように，路面または監視員通路面より1.2～1.5mに設置している例が多い。なお，近年ではバリアフリーに配慮し，床面より0.8～1.2mに設置している例もある。

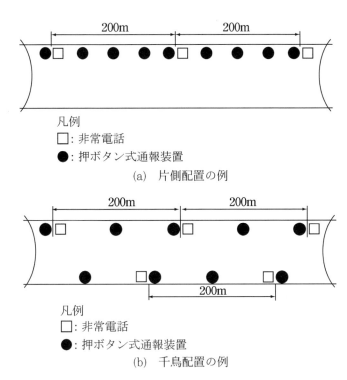

解説図−4.3 非常電話の配置の例

(2) 操作型通報設備

1) 操作型通報設備は，利用者が手動操作によりトンネル内における火災その他の事故の発生等を速やかに管理所等へ通報するための設備である。設計にあたっては，利用者が特別な知識がなくても使用できるよう，扱い方が簡単な方式とするとしている。

2) 操作型通報設備として，従前より採用されているものに押ボタン式通報装置がある。押ボタン式通報装置は，**解説図−4.4**に示すように押ボタンスイッチ，赤色表示灯等により構成される。なお，操作型通報設備として押ボタン式通報装置を設置する場合は，利用者が速やかに通報できるよう，設置間隔は50mを標準としている。以下に，押ボタン式通報装置の設置に際し，一般的

に考慮される事項を示す。
① 押ボタンスイッチ
　押ボタンスイッチは，利用者が容易にかつ確実に通報できるよう，指先で押ボタンを押す方式が一般的である。
② 表示
　(a) 赤色表示灯
　　赤色表示灯は，**解説写真－4.3**に示すようにトンネル内の利用者が押ボタン式通報装置の設置位置を速やかに確認できるようにするためのもので，形状や設置方法については，遠方からの視認性を考慮する必要がある。光源は，省電力で寿命が長いLED式が採用されている例が多い。
　(b) 表示
　　表示内容は，**解説写真－4.3**に示すような「非常通報装置」のほか，「非常ボタン」，「SOS」等トンネル内の異常事態を通報する装置であることが分かるよう表示されているものが一般的である。なお，トンネルの多様な利用者に配慮し，英語表記やピクトグラムを併記している例がある。
③ 配置
　配置は，**解説図－4.5**に示すように，50m間隔の片側配置としているのが一般的である。なお，対面通行トンネルにおいては50m間隔の千鳥配置（片側100m間隔の千鳥配置）としている例もある。また，同一箇所に非常電話，押ボタン式通報装置，消火器，消火栓設備が設置される場合には，覆工の箱抜きを一体化して併設し，配管の合理化や維持管理の容易性に配慮している例が多い。
④ 設置位置
　押ボタンスイッチの取付高さは，**解説図－4.4**に示すように利用者が容易に操作できるよう，路面または監視員通路面より0.8～1.5mとしているのが一般的である。

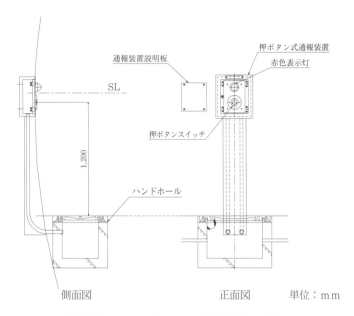

解説図-4.4 押ボタン式通報装置の例

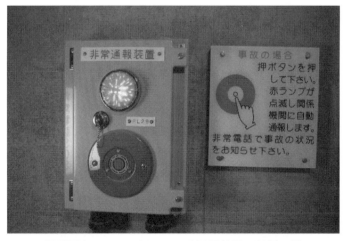

解説写真-4.3 押ボタン式通報装置の設置の例

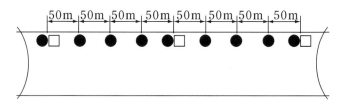

(a) 片側配置の例

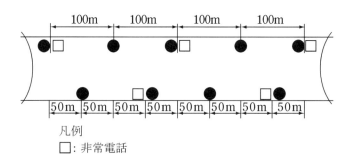

(b) 千鳥配置の例

解説図−4.5　押ボタン式通報装置の配置の例

(3) **自動通報設備**

1) 自動通報設備は，火災を自動的に検知し，管理所等へ通報するための設備である。設計にあたっては，火災を自動的に検知し通報できるよう，排気ガスや換気流に影響されず，火災の初期段階を的確に検知できる方式とするとしている。

2) 設置間隔は，設備自体の火災検知能力や，水噴霧設備の放水区画との関連等を考慮して定めるとしている。

自動通報設備として，従前より採用されているものに火災検知器がある。以下に，火災検知器の設置に際し，一般的に考慮される事項を示す。

火災検知器には，火災時に発生する熱，光，煙のいずれかを検出する方式のものが考えられるが，トンネル内では自動車の排気ガスや換気流の影響を考慮して選定する必要があり，一般的に光を検出する方式が多く採用されている。

① 検知器

検知器は，自動車のヘッドライト，緊急自動車等の回転灯，トンネル内照明の壁面反射等により誤作動しないものとし，作動原理の異なる「二波長式ちらつき型火災検知器」または「CO_2 共鳴式ちらつき型火災検知器」の設置が一般的である。なお，火災検知能力は，火災の初期段階でも的確に検知するため，0.5m^2 火皿ガソリン火災を30秒以内に検知できるようにしているものが一般的である。

(a) 二波長式ちらつき型

二つの異なる波長のエネルギーを検出して，その量を比較し，それが一定の比率にある時および炎の燃焼変動周期の2要素で火災と判断し作動する方式。

(b) CO_2 共鳴式ちらつき型

物体が燃焼した時に発生した炭酸ガス特有のエネルギーの波長を検出して，それが所定のエネルギーの継続時間にある時および炎の燃焼変動周期の2要素で火災と判断し作動する方式。

② 配置

設置間隔は，検知器の火災検知能力により決定され，片側25m間隔が一般的であるが，50m間隔で設置されている例も多い。その際トンネル内のいずれの部分で火災が発生しても的確に検知できること，水噴霧設備の放水区画を適切に選択できること等を考慮する必要がある。

③ 設置位置

設置位置は，火源の見通しのよい場所とし，維持管理の容易さを考慮し

て路面または監視員通路面から 1.2 〜 1.5m に設置する例が多い。

④　その他

　検知器に対する維持管理を容易にするため,防災受信盤等から,検知器の作動試験が行える遠隔試験機能を設けるのが一般的である。火災検知器の例を**解説写真− 4.4,解説図− 4.6** に示す。なお,トンネル坑口付近は太陽光の直射をうけて誤作動を生じるおそれがあるので遮光板の設置や設置位置等について注意する必要がある。

(a)　二波長式ちらつき型火災
　　検知器の例

(b)　CO_2 共鳴式ちらつき型火災
　　検知器の例

解説写真− 4.4　火災検知器の設置の例

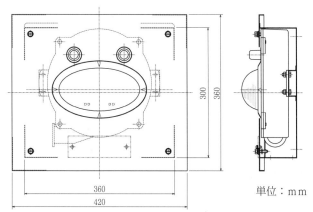

(a) 二波長式ちらつき型火災検知器の例

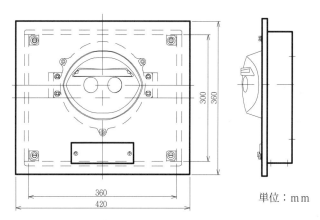

(b) CO_2 共鳴式ちらつき型火災検知器の例

解説図-4.6 火災検知器の例

4-3 警報設備

> 非常警報設備は，通報設備又は管理所等からの信号を受信する制御機能及びトンネル外の利用者等へ情報を発信する警報表示機能を有するものとする。
>
> ここで，警報表示機能は，適切な視認性及び即応性を確保するものとし，点滅灯及び警報音発生装置を取り付けることを標準とする。
>
> また，設置位置はトンネル構造等の条件及び表示内容の視認性を考慮して定める。

【解　説】

　非常警報設備は，トンネル内における火災その他の事故の発生を後続車両や対向車両に知らせ二次的災害を軽減するため，利用者に視聴覚等による情報を発信するものである。この設備は，**解説図－4.7**に示すように制御装置と警報表示装置等により構成され，通報設備および道路管理者の管理所等からの信号を受けて作動する機能を有する必要がある。

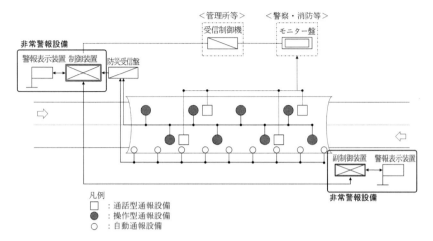

解説図－4.7 非常警報設備と通報設備の構成例（自動通報設備を有する場合）

1) 制御機能

　制御装置は，**解説図－4.8**(a)(b)に示すように通報設備または管理所等からの信号を受信し，トンネル内外の非常警報設備等を作動させる機能を有する必要がある。

　たとえば，自動通報設備が設置されるトンネルでは，トンネル内で火災その他の事故が発生した場合に**解説図－4.8**(a)に示すように通報設備（自動通報設備，操作型通報設備）の信号を受信した防災受信盤からの信号，または通話型通報設備の通報を受けた道路管理者が受信制御機を操作することにより，トンネル内外の警報表示装置や補助警報表示装置を作動させる例が多い。また，自動通報設備が設置されないトンネルでは，**解説図－4.8**(b)に示すように操作型通報設備の信号の受信，または通話型通報設備からの通報による関係機関（警察・消防）から連絡を受けた道路管理者が受信制御機を操作することにより，トンネル外の警報表示装置や補助警報表示装置等を作動させる例が多い。

— 41 —

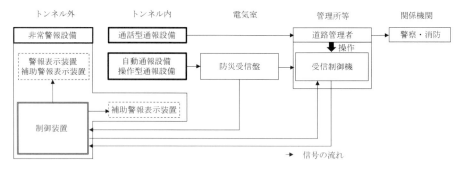
(a) 自動通報設備が設置されるトンネルの例

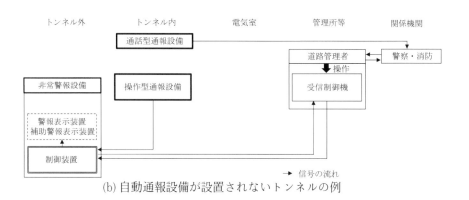
(b) 自動通報設備が設置されないトンネルの例

解説図-4.8　制御装置の機能の例

　制御装置は，**解説写真-4.5**に示すようなトンネル坑口付近に収容または警報表示装置に内蔵される場合が多い。このため，管理所等から離れている場合には，遠隔で点検や作動試験等が可能なものとしておくことや，現場でも操作できる機能を有することが一般的である。

　停電時対策としては，無停電電源装置や予備発電設備等により，制御機能を40分以上維持できるようにしているのが一般的である。その場合，警報表示機能および押ボタン式通報装置の赤色表示灯の点灯を停電発生から30分経過後においても10分間維持できるようにしているのが一般的である。なお，予

備発電設備が設置されている場合には，停電時に電力の供給を必要とする各設備の機能が維持されるように配線設計をしておく必要がある。

(a) 自立型の例　　　　　　(b) 警報表示装置内蔵型の例

解説写真－4.5　制御装置の例

2) 警報表示機能

　警報表示装置は，利用者がその表示内容を視認することによりトンネル内の状況を容易に把握し，トンネル内へ進入する前に安全に停止，もしくは退避するなどの適切な行動ができるよう十分に視認できる位置に設置され，視聴覚等による情報提供の能力を有する必要がある。

　警報表示装置は，**解説図－4.9**に示すようにトンネル坑口手前に設置する一般的な警報表示装置と，必要に応じてトンネル坑口付近またはトンネル内に設置する補助警報表示装置がある。補助警報表示装置は，利用者への一層の情報提供を図るために設置するものであり，警報表示装置と同等な情報提供の能力を有することが一般的である。

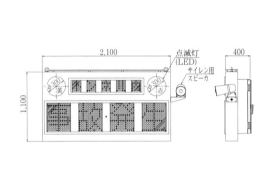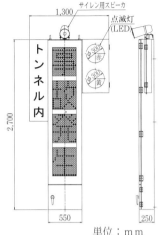

(a) 警報表示装置（標準型）の例　　　　（b) 補助警報表示装置の例

解説図－4.9　警報表示装置の例

　警報表示装置および補助警報表示装置の設置の例を**解説写真－4.6，解説写真－4.7**に示す。このうち，**解説写真－4.6**(b)は積雪寒冷地域において設置されることがある警報表示装置に制御装置（副制御装置）を収納した警報表示装置である。インナーメンテナンス型の警報表示装置は，着雪による視認低下を防止するため，必要に応じて表示部の前面の融雪を目的としたヒータ相当の装置および自動温度調節器等を実装している例がある。以下に，警報表示装置の表示部，点滅灯，警報音発生装置の各機能および構造について示す。

① 表示部

　表示部は，適切な視認性および即応性を確保することが求められる。このため，光源は視認性，即応性に優れ，省電力で寿命が長いLED式が採用される例が多い。

(a) 標準型の例　　　　　(b) インナーメンテナンス型の例

解説写真－ 4.6　警報表示装置の設置の例

(a) 坑口の例　　　　　　(b) トンネル内の例

解説写真－ 4.7　補助警報表示装置の設置の例

表示文字の内容は，一般に，**解説図－4.9**(a)に示すような表示部が上下の二段の場合，上段に「トンネル内」の文字を表示し，下段に「事故発生」，「火災発生」等の警報表示や，「作業中」，「片側通行」，「走行注意」等の補助表示を表示する例が多い。

　主要な文字の大きさは，視認性を確保するため，設計速度がおおむね80km/hまでの適用でLED式を用いて表示する場合は，縦450mm，横390mmとし，「トンネル内」の文字の大きさは縦180mm，横150mmとしている例が多い。

　また，表示部に雨，雪，霜，じん埃等の付着や日光の直射等により視認性が低下しないよう注意する必要がある。とくに，車両から見たときの視認性を考慮して，表示文字等のコントラストが高くなるよう配慮するのが一般的である。

② 点滅灯

　点滅灯は，利用者に対し注意を喚起するもので，警報表示装置の誘目性を向上させる目的で取り付けられ，警報表示の際は赤色点滅，補助表示の際は黄色点滅とし，1分間に80回程度の点滅とするのが一般的である。

③ 警報音発生装置

　警報音発生装置は，火災その他の事故の発生を音によって知らせるもので，作動は表示内容（「トンネル内事故発生」等）と連動して，警報音を鳴動させるものとし，一般に電子サイレンが使用され，音量は音源から20mの位置において90dB以上，120dB以下で鳴動するものが一般的である。また，警報音は設計速度60km/hの場合に1km先の自動車がトンネルに到達するのに要する時間として1分間を鳴動最小時間とするのが一般的である。なお，音量が大きいため周囲の状況に応じ時間設定をし，自動停止ができるようにするのが一般的である。

3) **警報表示装置の設置位置**

　警報表示装置は，トンネル坑口付近で，利用者が表示内容を十分視認し，

安全に停止できるような位置に設ける必要がある。また，利用者が表示を確認後，トンネルにおける初期消火や避難活動，消防隊による救助・消火活動等に支障のない位置で車両を停止できるよう配慮する必要がある。そのため，坑口からの距離は，各トンネルの坑口付近の設計速度により制動停止距離が異なるので一概には定められないが，一般に，走行速度と警報表示装置の設置位置の関係から**解説図－4.10**のD欄に示す距離の場所に設置されている例が多い。設置位置は，左側の路側あるいは車線の上部等，利用者の視認しやすい場所を選定することが求められる。警報表示装置の設置位置の例を**解説写真－4.8**(a)に示す。

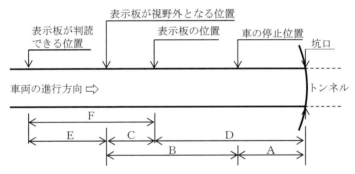

項目	設計速度		
	60km/h	80km/h	100km/h
A：停止余裕距離（料金所なしの場合）	50m	50m	50m
B：車の制動距離（反応距離＋ブレーキを踏んで停止するまでの距離）[1]	85m	140m	200m
C：表示が運転者の視野外となる距離[2]	30～40m		
D：A＋B－C：トンネル坑口と表示装置の距離	95～105m	150～160m	210～220m
E：判読所要距離（4文字の場合）[2]	50m	67m	83m
F：C＋E：最小限の視認距離	80～90m	97～107m	113～123m

解説図－4.10　警報表示装置の設置位置の例

(a) 坑口手前に設置した例　　　(b) 反対側の車線に設置した例

解説写真－4.8　警報表示装置の設置位置の例

なお，設置場所付近に障害物がある場合，または道路の線形が屈曲している場合は，手前の見やすい場所に警報表示装置を設置するか，あるいは警告灯または予告表示板（固定式）の追加設置を検討する。さらに，トンネルの坑口付近の道路線形等との関係から，適正な位置で警報表示装置と坑口の一部を同時に視認できない場合は坑口付近に補助警報表示装置の設置を検討する。警報表示装置と坑口の一部を同時に視認できない場合は，**解説写真－4.8**(b)に示すように反対車線の路側あるいは車線の上部等，利用者の視認しやすい場所に設置した例もある。

また，長大トンネルにおいては，**解説写真－4.7**(b)に示すように非常駐車帯等に補助警報表示装置を設置し，利用者への一層の情報提供を図っている例がある。

上記のほか，都市部の長大トンネルで交通量等を考慮してトンネルの入口天井面に閃光灯（フラッシング等）を設置し，警報表示装置と組み合わせて視覚による警報を強調した例がある。

なお，火災その他の事故が発生したトンネルへの走行車両の進入を防止するためには，非常警報設備による視聴覚等による警報に加えて，物理的に進入を

防止あるいは抑制する手法を用いる方法もある。走行車両に対して物理的な進入防止措置を講じることにより車両の損傷等が生じるおそれもあるため，これまで道路トンネルの非常用施設として適用された例は少ない。一方，近年では車両損傷等に配慮した進入防止の技術が開発されてトンネル以外で適用されている例もあり，今後はこうした技術の進展をふまえながら，効果的な進入防止・抑制対策を導入していくことも考えられる。なお，物理的な進入防止等の導入にあたっては，利用者の避難，消防車・救急車等による活動の妨げにならないように配慮が必要である。

4-4 消火設備

> (1) 消火器
> 1) 扱い方が簡単で,有害なガス等が発生しないものを選定する。
> 2) 設置間隔は 50m を標準とする。
> (2) 消火栓設備
> 1) 扱い方が簡単な構造とする。
> 2) 設置間隔は 50m を標準とする。
> 3) 口径は 40mm,放水量は 130L/min,放水圧力は 0.29MPa を標準とする。
> 4) 水源は消火栓 3 個同時に,40 分程度放水できる容量を確保することを標準とする。

【解　説】

　消火設備は,トンネル内の利用者等が火災の初期消火に用いるための設備であり,消火器および消火栓設備がある。

(1)　消火器

1)　消火器の設計にあたっては,利用者等が特別な知識がなくても使用できるよう,扱い方が簡単なものを選定するとしている。また,トンネル内で使用することを考慮し,有毒なガス等が発生しないものを選定するとしている。一般には,自動車火災の特殊性を考慮し,粉末ＡＢＣ消火器(薬剤質量6kg)としている例が多い。

2)　利用者等がトンネル内で速やかに初期消火活動を行えるよう,設置間隔は 50m を標準としている。

　以下に,消火器の設置に際し,一般的に考慮される事項を示す。

① 表示

消火器には「○○県」等の道路管理者名を表示し，消火器収納箱には「消火器」と表示しているのが一般的である。なお，トンネルの多様な利用者に配慮し，英語表記またはピクトグラムを併記している例が多い。

② 配置

配置は，**解説図-4.11**に示すように50m間隔の片側配置としているのが一般的である。また，対面通行トンネルにおいては50m間隔の千鳥配置（片側100m間隔の千鳥配置）としている例もある。

また，同一箇所に非常電話，押ボタン式通報装置，消火器，消火栓設備が設置される場合には，覆工の箱抜きを一体化して併設し，配管の合理化や維持管理の容易性に配慮している例が多い。

また，複数名で消火活動ができるよう，消火器2本を1組として設置しているのが一般的である。

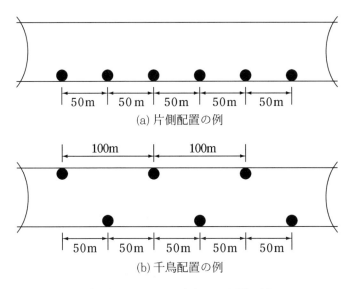

解説図-4.11 消火器の配置の例

③ 設置位置

設置高さは，**解説図－4.12**に示すようにトンネルの利用者等が容易に扱える高さとし，トンネル形状等との関係を考慮して定めているのが一般的である。

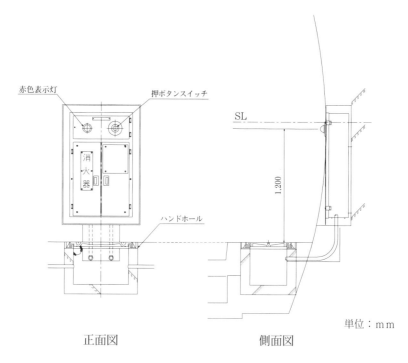

解説図－4.12　消火器の例

④ 収納箱

収納箱は，**解説写真－4.9**に示すように，扉の開閉等の取扱いが容易なものとし，トンネル環境条件に対する耐久性に優れ，維持管理が容易なものとしているのが一般的である。

          (a) 2枚扉式の例   (b) 1枚扉式の例
          解説写真− 4. 9 消火器の設置の例

(2) **消火栓設備**
1) 消火栓設備の設計にあたっては，利用者等が特別な知識がなくても使用できるよう，扱い方が簡単な構造とするとしている。
2) 利用者等がトンネル内で速やかに初期消火活動を行えるよう，設置間隔は50mを標準としている。

　以下に，消火栓設備の設置に際し，一般的に考慮される事項を示す。
　① 表示
　　(a) 赤色表示灯
　　　赤色表示灯は，トンネル内の利用者等が消火栓設備の設置位置を速やかに確認できるようにするためのもので，形状や設置方法については，遠方からの視認性を考慮する必要がある。光源は，省電力で寿命が長いLED

式が採用されている例が多い。
　(b) 表示
　　消火栓収納箱には「消火栓」と表示し，内部には操作方法等を表示しているのが一般的である。なお，トンネルの多様な利用者に配慮し，英語表記またはピクトグラムを併記している例が多い。
② 配置
　配置は，**解説図－4.13**に示すように50m間隔の片側配置としているのが一般的である。また，同一箇所に非常電話，押ボタン式通報装置，消火器，消火栓設備が設置される場合には，覆工の箱抜きを一体化して併設し，配管の合理化や維持管理の容易性に配慮している例が多い。

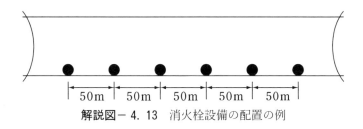

解説図－4.13　消火栓設備の配置の例

③ 設置位置
　設置高さは，**解説図－4.14**に示すようにトンネルの利用者等が容易に扱える高さとし，トンネル形状等との関係を考慮して定めているのが一般的である。
④ 収納箱
　収納箱は，**解説写真－4.10**に示すように扉の開閉等の取扱いが容易な前傾扉式としているのが一般的である。なお，トンネル形状等との関係を考慮して**解説写真－4.11**に示すような下降扉式を用いる例もある。なお，消火栓設備に消火器を併設する場合は，扉の開閉時に別の扉の表示が見えなくならない構造で，トンネル環境条件に対する耐久性に優れ，維持管理が容易なものとしているのが一般的である。

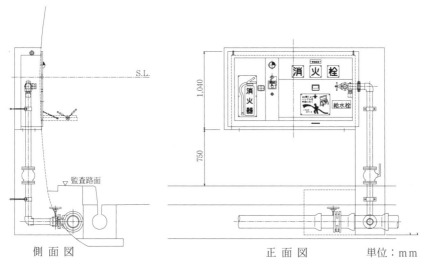

解説図-4.14　消火栓設備（前傾扉式）の例

(a) 前傾扉を閉じた状態

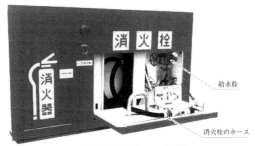

(b) 前傾扉を開いた状態

解説写真-4.10　消火栓設備（前傾扉式）の設置の例

解説写真－ 4.11　消火栓設備（下降扉式）の設置の例

3) 4)　消火栓設備の設計にあたっては，利用者等が一人でも使用できるよう，以下を考慮した水消火栓としているのが一般的である。
- 水ノズルの放水量は130L/min，放水圧力は0.29MPa，ホース長さは最低30mであること。
- 給水配管との接続口径は40mmであること。
- 水源は消火栓3個同時に，40分程度放水できる容量であること。

なお，消火栓には水消火栓のほかに，油火災に有効な泡消火栓を設置する例がある。泡消火栓は，消火栓箱内に泡原液タンクを設置し，泡を放射する方式が一般的であるが，泡原液の管理に留意する必要がある。

4－5　避難誘導設備

(1) 誘導表示設備
　1) 出口又は避難通路までの距離，方向，位置等の情報を表示することを標準とし，適切な視認性を確保するものとする。
　2) 設置間隔は，トンネル延長，避難通路の有無等を考慮して定める。
(2) 避難情報提供設備
　1) 道路管理者等からトンネル内の利用者に任意の情報提供が可能な方式とする。
　2) 車内及び車外への情報提供を考慮する。
(3) 避難通路
　1) 道路トンネルに接続して設置され，当該トンネルの外へ直接通じている構造とする。
　2) トンネル延長，交通方式，排煙設備の有無等を考慮する。
　3) 避難する利用者の安全性を考慮する。
(4) 排煙設備
　1) トンネル内の煙をトンネル外へ排出又は煙の拡散を抑制させる十分な排煙能力を有するものとする。
　2) 常時の換気方式，交通方式，縦断線形等を考慮する。

【解　説】
　避難誘導設備は，トンネル内で火災その他の事故に遭遇した利用者を当該トンネルの外へ安全に誘導，避難させるための設備であり，情報を提供することにより安全に誘導し避難を促す誘導表示設備や避難情報提供設備と，当該トンネルの外へ避難させる避難通路，避難環境の向上や救助・消火活動等の支援を

図る排煙設備がある。

(1) 誘導表示設備

1) 誘導表示設備は出口または避難通路までの距離，方向，位置等の情報を表示することを標準とし，適切な視認性を確保するものとしている。

一般的には，**解説写真－4.12**(a)(b)に示す内照式や反射式の例が多い。近年では蓄光機能を付加した例もある。内照式を採用する場合の光源は，省電力で寿命が長いものとし，LED式が採用される例が多い。また，停電時対策としては，無停電電源装置や予備発電設備等により，内照式としての誘導表示機能を30分以上維持できるようにしているのが一般的である。なお，予備発電設備が設置されている場合には，その後も機能を維持できるように配線設計をしておく必要がある。

表示内容は，以下のとおりとしている例が多い。

① 避難通路が設置されている場合
・非常口または出口までの方向，距離
・非常口の位置

② その他の場合
・出口までの距離

誘導表示設備に使用する文字，数字等については**解説図－4.15**(a)(b)を採用している例が多い。

なお，非常口の視認性を向上させる設備として，**解説写真－4.12**(c)，**解説図－4.15**(c)に示すように，非常口付近に大型の誘導表示設備や非常時強調灯を設置している例がある。

2) 配置は，トンネル延長，避難通路の有無等を考慮して定めるとしている。設置は両側とし，各側で200m以下の間隔にしているのが一般的であり，**解説図－4.16**に示すように，配置は対向および千鳥の例がある。

また，避難通路が設置される場合は，トンネル全体の延長および避難通路の形態や非常口の間隔を十分考慮して設置間隔を決定する必要がある。

設置高さについては火災時の煙の影響，走行車両による土砂のはね上げ，保守性を考慮するとともに避難時における表示板の見落とし，停止車両等による死角の解消等を総合的に検討し決定する必要があり，一般的には1.5m程度の高さに設置している例が多い。
　なお，内照式の誘導表示設備を設置するにあたっては，ケーブルの引き込み位置や耐火性，配線方式，電源の確保等についても考慮する必要がある。

　　(a) 内照式の例　　　　　　(b) 反射式の例

(c) 大型の誘導表示設備の例

解説写真-4.12　誘導表示設備の例

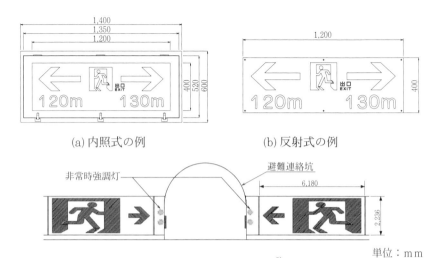

解説図− 4.15 誘導表示設備の例

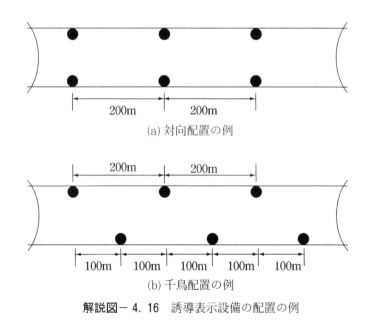

解説図− 4.16　誘導表示設備の配置の例

(2) 避難情報提供設備

1) トンネル内で発生した火災その他の事故に対し，道路管理者等からトンネル内の利用者に避難を促す情報等を提供するための設備である。このため，聴覚あるいは視覚を通じて避難を促す任意の情報を提供できる設備とする必要がある。

2) 避難情報提供設備は，車内および車外の利用者への情報提供を目的として，それぞれ，次に示す機能を考慮した設計を行う。

① 車内の利用者に対する情報提供機能

道路管理者等から車内に滞在している利用者に対し，聴覚あるいは視覚等を通じ，避難を促す情報等を提供できるようにする必要がある。一般に，ラジオ再放送設備（割込み機能付き）が用いられている。ラジオ再放送設備は，平常時はラジオ放送波を受信増幅し，誘導線等によりトンネル内でも明かり部と同様なラジオ放送の受信を可能とする設備である。割込み機能付きとしているのは，非常時には一般放送を中断して割り込み，道路管理者から車内の利用者に情報提供を行う必要があるからである。

なお，ラジオ再放送設備は，電波法および関連する政省令の適用を受けるため，これらの法令を遵守して設計する必要がある。

② 車外の利用者に対する情報提供機能

道路管理者等から車外へ出て避難をしようとしている利用者に対し，聴覚あるいは視覚を通じ，避難を促す情報等を提供できるようにする必要がある。一般に，拡声放送設備が用いられている。拡声放送設備は，非常時に道路管理者から車外の利用者に情報を伝えるものである。同設備はトンネル内にスピーカーを設置し，拡声アンプからの増幅された電気信号を音声に変えて放送を行うものである。トンネル内全体に複数のスピーカーを設置すると各スピーカーと利用者の距離の差から生じる音声の到達時間のずれや残響による干渉が生じ易く，音声の明瞭度を低下させることから，非常駐車帯，避難連絡坑，分岐部・合流部および坑口等に局所的に設置するのが一般的である。

なお，音声の干渉対策として，音声の出力のタイミングを補正し，音声の明瞭性を向上させる音声時間遅延回路を導入している例もある。

上記のほか，車外の利用者に情報を伝える設備を補完する設備として，トンネル内における煙中の避難環境の向上を図ることを目的として，トンネル内に出口や非常口までの歩行避難を支援するために足元灯を設置した例がある。

(3) 避難通路

1) 2) 避難通路は，道路トンネルに非常口を介して接続され，火災その他の事故が発生したトンネル（当該トンネル）とは別の空間に避難させる通路の総称である。避難の確実性の観点から，最終的にはトンネルの外側の空間（地上）に避難できるよう避難経路を定めて通路を設置する必要がある。また，避難通路は，トンネル延長，交通方式，排煙設備の有無等を考慮し，合理的に設置する必要がある。

① 避難通路の形態

避難経路に応じた避難通路の形態を**解説図－4.17**および**解説図－4.18**に，設置例を**解説写真－4.14**に示す。**解説図－4.17**に示すように，避難通路の形態には「避難連絡坑と避難坑」，「避難連絡坑」等がある。「避難連絡坑と避難坑」は，本線トンネルとは別に設けられた避難用に供するトンネル（避難坑）に避難連絡坑を連結することにより，トンネル外の空間に避難する形態である。「避難連絡坑」は，方向別に分離された2本の本線トンネルを避難連絡坑で連結することにより，当該トンネルとは別の本線トンネル（反対車線のトンネル）を用いて避難する形態である。その他，都市部のトンネルで土被りが小さい場合等で，階段等を設置して直接地上に避難する形態がある。さらに，**解説図－4.18**に示すように，トンネルの断面を空間的に分離して避難通路（避難用空間）を確保したうえで，トンネル外の空間に避難する形態もある。いずれの形態においても，本線トンネルから避難通路へ入る際の入口が非常口となる。

避難通路の設置にあたっては，隣接する本線トンネルがない場合には，**解**

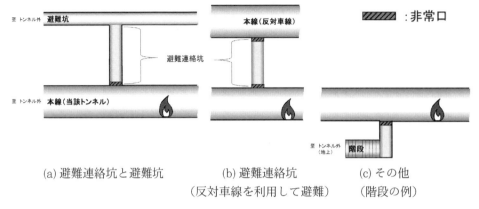

(a) 避難連絡坑と避難坑　　(b) 避難連絡坑　　(c) その他
　　　　　　　　　　　（反対車線を利用して避難）　（階段の例）

解説図－4.17 避難経路に応じた避難通路の形態（平面イメージ）

解説図－4.18 トンネルの断面を空間的に分離して避難する形態

説図－4.17の(a)に示すように当該トンネル近傍に並行して避難坑を設置して，当該トンネルと避難坑を連絡する避難連絡坑で接続する形態が基本となる。また，方向別に分離されたトンネルのように隣接する本線トンネルがある場合には，**解説図－4.17**の(b)のように，双方のトンネルを連絡する避難連絡坑を設置する形態が基本となる。並行する隣のトンネルに避難する構造とすることで，合理的な整備を行うことができる。

　また，地形条件によっては道路トンネルと並行ではない形態で避難通路を設置することが合理的となる場合がある。たとえば，トンネルの土被りが小さい場合に，地上へ直接通じる手法をとる例や，トンネル延長が長い場合に

(a) 避難坑の例　　　　　　(b) 非常口および避難連絡坑の例

(c) 都市部におけるトンネルの　　(d) 都市部におけるトンネルの
　　避難通路の例（階段）　　　　　避難通路の例（避難用空間）

解説写真- 4.14　避難通路の例

　トンネル施工時に設置した斜坑や立坑等を活用する例もある。この他，トンネルの断面を分離して独立した避難空間を確保する例もある。
　避難通路は，利用状況等を考慮して必要となる形状・寸法を確保する。その際，施工性について考慮するとともに，必要に応じて緊急車両等の通行計画についても考慮する。また，避難通路の接続部は，トンネル構造の安定性等を考慮して設計を行う必要がある。

② 設置間隔

避難連絡坑等，本線トンネルに接続する部分の避難通路およびその入口となる非常口は，トンネル内での煙の拡散状況と利用者の避難行動を考慮して適切な間隔で設置する必要があり，一般的な条件であれば300m〜400m程度以内の間隔で設置するものと考えてよい。設置位置は，トンネル延長，非常駐車帯の有無の条件等をふまえ，全体でバランスのとれた配置とすることが重要である。

一方，トンネルの縦断勾配，交通方式，排煙設備の有無，構造条件等により一般的な条件とは異なる間隔での設置が必要と考えられる場合には，避難連絡坑等および非常口の設置間隔をより短くするなどの検討を個別に行う。

3) 避難通路は，避難中の利用者の安全性を考慮する必要がある。以下に，一般的に考慮する事項を示す。

① 照明

利用者の避難時の安全を確保するため，避難連絡坑には路面上の平均水平面照度20Lx以上，避難坑には平均水平面照度10Lx以上の照明を確保することが一般的である。

② 非常口の構造

非常口の構造は，避難通路の形態により異なるが，煙および熱を遮断するため，扉の構造とすることが一般的である。この場合，簡単な操作で確実に開き，自動的に閉じる構造とするのが有効である。また，扉等の操作は利用者が行うことに配慮して説明板等を設置するのが有効である。

なお，確実な煙の遮断を行うために二重扉構造としている例もある。

③ 誘導表示設備

利用者の安全な避難誘導のため，出口の方向と出口までの距離を示す誘導表示設備を設置することが一般的である。

④ 飛び出し防止施設

反対車線のトンネルに避難する構造の場合，飛び出し防止を目的に，避

難連絡坑内に柵や表示板を設置することが一般的である。
  ⑤ その他
   ・煙侵入防止等を目的に，避難通路内を加圧する設備の設置を行うことが有効となる場合がある。
   ・避難連絡坑の断面（扉構造部は除く）は，幅1.5m以上，高さ2.1m以上とし，床面は排水機能を確保できる範囲で可能な限り緩い勾配とすることが一般的である。

(4) 排煙設備

1) 排煙設備は，トンネル内にある煙のトンネル外への排出，またはトンネル内に滞留する煙の拡散の抑制等を行うことにより，避難環境の向上，または救助活動，消火活動および復旧活動の支援を図るための設備である。そのため，トンネル内で発生する火災等に対して十分な排煙能力を有していることが必要である。

2) 設計にあたっては，交通方式に応じた運用方法のほか，平常時の換気方式，トンネル延長，縦断線形，管理体制等についても考慮する必要がある。

一般的な排煙設備として，両方向に送風が可能なジェットファンをトンネル内に設置している例が多い。この場合，火災時に高熱に曝されるおそれのある箇所の配線は耐火ケーブルとするなど，火災時において運転に支障がでないよう注意する必要がある。

以下にジェットファンを用いて縦流方向に排煙を行う場合における交通方式毎の一般的な設計の考え方を示す。

  ① 一方通行トンネルの場合
   車道内風速を2m/s程度確保できる能力を有する必要がある。これは一方通行のトンネルにあっては，事故車両および火災地点より進行方向の車両はそのまま走行し，後方は事故車両等の影響により車両が滞留することが予想されるため，**解説図－4.19**(a)に示すように排煙は進行方向に行うことが一般的であり，車道内風速が2m/s程度であれば，煙は風上側に拡散せず，風下側に流れることによるものである。ただし，車道内風速の検討においては，

縦断線形が下り勾配の場合等では，煙の遡上等について考慮する必要がある。

なお，ジェットファンの設置位置については，トンネル内の火災に対し，機能を効率よく発揮できる位置として入口側坑口付近を選定する例が多い。また，高速自動車国道等においては，故障等により火災時に使用できない場合を想定して，ジェットファンの最小設置台数を2台以上としている例もある。

② 対面通行トンネルの場合

一方通行トンネルと同等の排煙能力を有することが一般的である。なお，換気施設を排煙設備として利用する場合には，通報設備等により火災を検知した際に即座に停止させる機能を有する必要がある。これは対面通行のトンネルにあっては，事故車両および火災地点より両側に車両の滞留が予想されるため，初期の避難を行う段階では，**解説図－4.19**(b)に示すように煙の拡散を抑制するために換気機を停止させることが望ましいためである。

なお，高速自動車国道の長大トンネル等において，煙の拡散を抑制することを目的として車道内風速を早期に0m/s近くまで抑制し，その風速を維持

(a) 一方通行トンネルにおける排煙の場合

(b) 対面通行トンネルにおける排煙の場合

解説図－4.19 排煙設備の排煙の概念図

する制御を行えるようにしている例もある。

　一方，平常時の換気施設として横流換気方式または半横流換気方式の設備が設置されているトンネルで排煙を行う場合には，排気ダクトや送風機の逆転運転等を用いた排煙運用が行えるように設計する必要がある。換気ダクトを有している場合には，換気機を熱気流から保護するため，換気機手前のダクト部に空気を冷却する設備を設ける必要がある。

　なお，火災後期段階の活動（救助活動，消火活動および復旧活動）として支援のみを目的とする場合には，必ずしもトンネル内に排煙設備を固定しておく必要はなく，移動式の設備を用いることも考えられる。ただし，移動式とする場合には，速やかな救助活動等に資するよう設備の配置・維持管理・運用の方法等について慎重に検討する必要がある。

4-6 その他の設備

(1) 給水栓設備
 1) 給水栓
  i) トンネル両坑口付近に設置することを標準とし,必要に応じてトンネル内非常駐車帯又は避難通路の入口付近にも設置する。
  ii) 口径は65mm,放水量は400L/min,放水圧力は2個同時放水した場合で0.29MPaを標準とする。
  iii) 水源は給水栓2個同時に40分程度放水できる容量を確保することを標準とする。
 2) 送水口
  i) 消防ポンプ等からトンネル内給水栓への送水用として,必要に応じて設置する。
  ii) 設置する場合には,トンネル両坑口付近に設置することを標準とする。
  iii) 設置する場合には,口径65mm,双口型を標準とする。
(2) 無線通信補助設備
 漏洩同軸ケーブル等及びこれに付帯する装置をもって構成する。
(3) 水噴霧設備
 1) 放水区間は50m以上を標準とする。
 2) 放水量は$6L/min・m^2$を標準とする。
 3) 水源は40分程度放水できる容量を確保することを標準とする。
 4) 放水制御方式は,トンネル延長,トンネル構造,換気方式等を考慮して定める。
(4) 監視設備
 トンネル内全線及び坑口付近を監視できるものとする。

【解　説】

　その他の設備は，通報設備，警報設備，消火設備および避難誘導設備を補完し，救助活動および消火活動等を容易にするための設備であり，給水栓設備，無線通信補助設備，水噴霧設備および監視設備がある。また，非常用施設の関連設備として，非常用施設を制御する設備，水を供給する設備，停電時に電力を供給する設備，ダクト内の空気を冷却する設備等がある。これらの関連設備については「**付属資料1**」を参考にできる。

(1)　給水栓設備

　給水栓設備は，消防隊による消火活動に資するための設備である。消防隊が接続したホースに消火用水を供給する給水栓，必要に応じ水源の容量を補うため消防ポンプ等からトンネル内の給水栓に消火用水を供給するための送水口等から構成される。

1)　給水栓

ⅰ)　給水栓の配置は消防隊の進入経路・消火活動を想定し，トンネル両坑口付近に設置することを標準としている。また，必要に応じてトンネル内の非常駐車帯または非常口付近にも設置するとしている。

　なお，一般的にトンネル内で消火栓に給水栓を内蔵し，上記設置位置以外にも200m毎に設置している例が多いことから，これらの状況も考慮して適切な位置に配置することが合理的である。

ⅱ，ⅲ)　給水栓は消防関係法令の連結送水管を参考に，口径は65mmとし，給水栓に供給する配水設備の設計は消防関係法令の屋外消火栓設備を参考に，放水量400L/min，放水圧力は2個同時放水した場合でそれぞれのノズル先端において0.29MPaとすることを標準としている。また，水源は2個同時放水した場合で40分程度放水できる容量を確保することを標準としている。

　なお，消火栓に給水栓を内蔵する場合，消防隊が使用する設備であることから，消防隊が送水ポンプを起動できる押ボタンを設けるとともに，設備の位置が分かるように表示することが一般的である（**解説写真－4.15**）。

2）送水口

ⅰ） 送水口は，消防ポンプ等からトンネル内の給水栓への送水用として，水源の容量を補うために，必要に応じて設置するとしている。

ⅱ，ⅲ） 設置する場合はトンネル両坑口付近に設置し，口径を 65mm，双口型とすることを標準としている。また，設置位置は，消防隊が容易に接近できる箇所とし，消防関係法令の連結送水管を参考に作業床面から 0.5〜1m に設置している例が多い（**解説写真－4.16**）。なお，給水栓，送水口のホース接続口をねじ式および差込式のいずれにするかは同設備を利用する関係消防機関との協議や調整が必要となる。

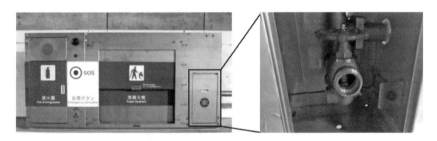

解説写真－4.15　給水栓の例

解説写真－4.16　送水口の例

(2) 無線通信補助設備

　無線通信補助設備は，トンネル内の救助活動，消火活動等に際して，トンネル外部との連絡に資するための設備である。漏洩同軸ケーブル等およびこれに付帯する装置から構成するとしている。なお，ケーブルの始点には必要に応じて管理用無線機等との共用器を接続し，消防隊等が容易に接近でき，救助・消火活動等を行えるトンネル坑口付近等に設置したコネクターに可搬型無線機等を接続して，トンネル内の携帯用無線機との相互に連絡ができる必要がある。また，コネクターを収納する無線機端子箱には**解説写真－4.17**に示すように消防隊等が使用する設備であることが分かる表示をすることが一般的である。

　なお，無線通信補助設備は電波関係法令の適用を受けるため，これらの法令を遵守して設計するとともに，関係機関との協議や調整が必要となる。

解説写真－4.17　無線機端子箱の例

(3) 水噴霧設備

　水噴霧設備の目的は，微細な粒子状の水を噴出することにより火災地点の温度を下げ，火災の延焼および火勢の拡大を抑制するとともに，トンネル本体および施設の防護を行い，消火活動等を支援することである。

　水噴霧設備は，**解説写真－4.18，解説写真－4.19**に示すように自動弁装置，水噴霧ヘッド，配水管のほか，ポンプ室内に設置される加圧ポンプ，主水槽および制御装置等で構成される。**解説写真－4.20**に放水状況の例を示す。

解説写真－4.18　自動弁装置の設置状況の例

解説写真－4.19　水噴霧ヘッド・配水管の例

解説写真－4.20　放水状況の例

1) 放水区間は，火災時の影響範囲として20～30mを考え，これに多少の余裕をもたせて，他設備との設置間隔も考慮し50m以上を標準としている。また，放水区画数は，区画境の火災に対処するため2区画同時放水が可能な機能を有することが求められる。

2) 放水量は，路面 $1m^2$ につき平均6L/minに相当する水量を放水することを標準としている。放水範囲は**解説写真－4.20**に示すように建築限界内にできるだけ一様に放水できるよう水噴霧ヘッドを配置，調整する必要がある。

なお，水噴霧ヘッドは放水圧 0.34MPa 以上で噴霧するものが一般的である。
3) 水源は2区画同時で40分程度放水できる容量を確保することを標準としている。
4) 放水制御方式としては，以下の①，②が一般的である。方式の選定にあたってはトンネル延長，水源の容量等を考慮し，合理的な方式を採用するとよい。

① 25m 区画を 2 区画同時放水する方式

この方式は，**解説図－4.20** (a) に示すように 1 区画長 25m 毎に自動弁を設け，隣接した 2 区画 50m 区間に一斉放水するものである。

本方式では次の②の方式に比べ自動弁の数が 2 倍必要となるが，放水量は 2 分の 1 でよい。このため，水源に制約を受けるトンネルに適した制御方式である。なお，都市部の道路トンネルで採用されている例が多い。

② 50m 区画を 2 区画同時放水する方式

この方式は，**解説図－4.20** (b) に示すように 1 区画長 50m 毎に自動弁を設け，隣接した 2 区画 100m 区間に一斉放水するものである。

本方式は①の方式に比べ放水量が 2 倍必要となるので，水源容量に余裕があり，延長が長いトンネルに適した制御方式である。

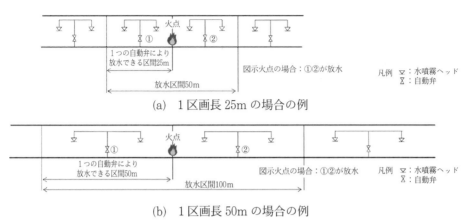

(a) 1区画長 25m の場合の例

(b) 1区画長 50m の場合の例

解説図－4.20　2区画同時放水の例

(4) 監視設備

　監視設備は，平常時は交通の状況を把握し，トンネル内の交通情報の入手に資するとともに，非常時においては通報設備から受けた情報の確認および避難行動，救助活動，消火活動等の状況の監視を行うための設備である。トンネル内に設置するカメラ，管理所等に設置されるモニター（映像監視装置）および映像制御装置等により構成される。

　監視設備は，トンネル内全線および坑口付近を監視できることとしている。このとき，トンネル内に設置するカメラの位置は，モニター画面上での死角をなくすよう配置することが求められる。

　また，火災その他の事故の発生時等には事故地点に自動的にカメラを固定し，連動させる必要があるため，非常電話等の通話型通報設備，押ボタン式通報装置等の操作型通報設備，火災検知器等の自動通報設備と連動する機能を有することが一般的である。

　カメラは固定式，旋回式があり，一般的に固定式は常時死角なく監視でき，旋回式は旋回動作を行うことで死角なく監視できる。旋回式では旋回方向以外

が一時死角になるが，設置台数を削減できるメリットがある。

なお，トンネル延長が長くカメラ台数が多いことにより，カメラ画像を画像処理し突発的な事象を自動で検出できるシステムを導入することで，異常事象の早期検知を行っている例もある。

参考文献

1) (公社) 日本道路協会：道路構造令の解説と運用，平成27年6月
2) (社) 日本道路協会：道路標識設置基準・同解説，昭和62年1月
3) 東日本高速道路(株)，中日本高速道路(株)，西日本高速道路(株)：設計要領第三集トンネル保全編，(5) トンネル非常用施設，平成28年8月

5. 運　用

5－1　一般

(1) 非常用施設の運用方法の明確化として，設備の目的に応じ，あらかじめ運用の内容等を定めておかなければならない。
(2) 非常用施設の運用方法の明確化にあたっては，関係機関との連携に配慮しなければならない。
(3) 非常用施設の運用方法の明確化にあたっては，設備の目的に応じ，その機能を十分発揮できるようあらかじめ維持管理の方法を定めておかなければならない。

【解　説】
(1)(2) トンネル内には，そのトンネルの等級に応じた非常用施設が設けられている。これらの施設を火災その他の事故の発生時にその設置目的に沿って迅速かつ的確に運用するためには，非常用施設の必要性，機能，目的等を十分理解し，その方法を明確にしておく必要がある。とくに，警報設備，排煙設備，照明施設については，通報設備から火災その他の事故等の通報を受けた段階で直ちに運用することが，利用者の避難環境の向上や二次的災害の軽減を図ることにつながる。このためには，道路管理者の役割を認識しておくとともに，事前に非常用施設の運用に関する内容等を定め，警察・消防等の関係機関との連携にも配慮する必要がある。さらに，防災訓練および広報・啓発活動を実施することにより，定期的に運用の内容等や関係機関との連携について確認することも重要となる。

① 運用の手順の策定

運用の手順は，一様に定まるものではなく，当該トンネルの条件のほか，設置されている非常用施設の種類，管理体制，関係機関との連携等の諸条件によって異なると考えられることから，道路管理者が適切に定める必要がある。そのために，トンネル内の火災その他の事故を想定して，連絡体制と方法等を定めた運用に関するマニュアル等を作成しておくことが有効である。運用マニュアルの主な内容の例を以下に示す。

なお，運用マニュアル等の作成は，「**付属資料2**」を参考にできる。

(a) 運用マニュアルの目的，適用範囲にかかる事項

運用マニュアルは，非常用施設のトンネル防災全体における道路管理者の役割を認識するとともに，その目的および適用範囲を明確にして作成する必要がある。

(b) 対象トンネルおよび施設に関する情報にかかる事項

運用マニュアルの作成にあたっては，対象トンネルの概要を把握し，トンネルの条件を考慮する。また，非常用施設の設置状況，機能等を十分理解しておく必要がある。

(c) 連携体制の構築にかかる事項

トンネル内において火災その他の事故が発生した場合には，トンネル内の利用者の安全の確保および被災の拡大防止を図ることが重要であり，道路管理者は非常用施設の迅速かつ的確な運用が図れるように関係機関との連携体制を確立しておくことが必要である。

(d) 火災その他の事故が発生した際の運用の内容にかかる事項

トンネル内において火災その他の事故が発生した場合には，迅速で正確な情報連絡により，対応に係わる関係機関がそれぞれの所掌に応じた役割を果たす必要がある。

非常用施設の運用は以下の内容が考えられる。

・非常警報設備の表示内容

- ・避難情報提供設備の提供情報内容
- ・排煙設備の運用
- ・水噴霧設備の操作
- ・照明施設の運用　等

（e）火災その他の事故発生後の対応の記録にかかる事項

　　火災その他の事故発生後の対応の記録は，運用マニュアル等の改定にあたり有用な基礎資料となる。たとえば，発生日時，内容，トンネル内状況，周辺状況，対応内容（通報，連絡，機器操作，復旧等）を記録しておくことが重要である。

② 関係機関との連携体制の確立

　トンネル内において火災その他の事故が発生した場合には，道路管理者がその役割を適切に果たすとともに，関係機関との連携を図ることが重要となる。とくに，24時間管理体制をとっていない管理所等では，非常電話（通話型通報設備）での通報が直接警察・消防に入るので，連絡体制を定めておくことが重要である。

　また，火災その他の事故が発生した場合には，迅速で正確な情報連絡により，対応に係わる関係機関がそれぞれの所掌に応じた役割を果たす必要がある。これには各関係機関の間での情報連絡手段の整備も重要であり，必要に応じて専用の通信設備網等を整備することがある。

　なお，道路管理者の活動内容を以下に示す。

（a）平常時
- ・道路巡回および付属施設の維持管理
- ・道路の安全性を確保するための良好な走行環境の提供
- ・非常用施設の使用方法等の広報・啓発活動の実施
- ・関係機関との情報共有，連携体制の確立
- ・非常用施設の現地確認等を含む防災訓練の実施

（b）非常時

- 初期段階における関係機関への通報および連携
- 利用者への情報提供
- 非常用施設の運用
- 消防隊到着後における消火活動の支援

③ 防災訓練の実施

　トンネル内において，火災その他の事故が発生した場合に，迅速かつ的確な行動が行えるように，定期的な防災訓練を行うことが重要である。

　防災訓練は，道路管理者内ならびに関係機関との連携，非常用施設の運用を適切に行うための各種設備の総合的な操作等について，訓練および確認を行うことが目的である。

　道路管理者は，トンネルの延長，交通量，立地条件等のトンネルの特性をふまえて，防災訓練の計画を立案するとよい。なお，管理対象となるトンネルが複数の場合，道路管理者は対象トンネルの状況をふまえて，全トンネルを対象とした共通の訓練計画を立案することが合理的である。訓練を実施する際は，道路管理者と関係機関が合同で行うことを基本とし，訓練参加者の意思決定や役割，とるべき行動について確認する。なお，延長1,000m以上のトンネル又は交通量の特に多いトンネルについては，原則として年1回以上，消防機関，警察機関と合同で防災訓練を実施するよう努めることとされている。

　防災訓練の実施にあたっては発災後の状況を想定し，各種施設の操作手順，ならびに連絡方法等を確認することが求められる。これらを確認するためには，対象となるトンネルにおいて訓練を実施することが望ましいが，供用中のトンネルを利用した防災訓練は車線規制を伴うことが多く，実施が困難な場合がある。このため，実地による訓練に代えて，会議形式による訓練を行う方法がある（**解説表−5.1**）。

　会議形式による訓練は，後述の実地による訓練が困難な場合に実施するもので，道路管理者および関係機関との連携方法や非常用施設の配置状況を会議形式により確認するものである。本訓練は，担当者の異動等を考慮すると，年1

解説表－5.1 防災訓練の種類の例

訓練種類	訓練方法（例）・目的	主な訓練内容
会議形式による訓練	・道路管理者および警察・消防を交えた会議形式により行う。 ・訓練参加者相互の情報共有，連絡体制，および施設の配置確認を主な目的とする。 ・必要に応じて，火災その他の事故が発生した場合を仮定し，各段階における設備の運用方法や各機関の対応について確認する。	・非常用施設の配置確認 ・火災その他の事故発生時の避難経路・方法等の確認 ・火災その他の事故の通報の受信および内部・関係機関への連絡訓練
実地による訓練	・道路管理者および警察・消防を交え，実際のトンネル施設を利用して訓練を行う。 ・訓練参加者が現地でとるべき行動や意思決定についての確認を目的とする。 ・トンネル附属物の点検等に合わせて，非常用施設の配置状況を確認する。	・非常用施設の配置確認 ・火災その他の事故発生時の避難経路・方法等の確認 ・火災その他の事故の通報の受信および内部・関係機関への連絡訓練 ・非常用施設の操作訓練 ・救助・消火活動訓練

回程度は実施することが望ましい。また，訓練により得られた知見は，実際の防災活動等に利用できるようにフィードバックすることを念頭において実施する必要がある。必要に応じて火災その他の事故が発生した場合を仮定して発災地点を想定した訓練を行うことにより，避難方法等を具体的に確認することや，各段階における設備の運用方法，各機関の対応について確認することができる。実施にあたっては，モデルトンネルを適切に設定し，訓練目的を明確にしたうえで計画を立案することが重要である。

実地による訓練は，管理対象トンネルの実状を十分に把握し，実施の可否を検討する。実地による訓練では，車線規制をともなうことが多いため，トンネルの定期点検における車線規制にあわせて実施することも検討を要する。なお，非常用施設の配置状況の確認については，各種附属物の点検にあわせて実施することも検討する必要がある。実地による訓練は効果の高い訓練であるが，通行車両への影響が懸念されるため，その対策を事前に検討しておく必要がある。たとえば，非常用施設の操作に関する訓練では，通行車両に混乱を与えぬよう模擬操作も含めた実施内容の検討が必要である。また，供用開始前には実地による訓練を行うことを基本とし，供用中であっても管理対象トンネルのうち代表的なトンネルを選定して実施することが合理的である。

④　広報・啓発活動の実施

　道路管理者が行う広報・啓発活動においては，避難方法や早期避難の重要性を利用者に理解してもらうことが重要である。このため，非常用施設の機能や役割，利用方法をわかりやすく説明するのがよい。広報・啓発の方法としては，道路管理者のウェブサイト，道路休憩施設で放映する動画，各種講習会や道路休憩施設で配布するリーフレット等を活用して行われる例がある。

　また，供用前のトンネルにおいて見学会を実施し，非常用施設の配置，役割，利用方法等に関する説明を行うことも有効である。あわせて，避難通路の利用方法等，火災その他の事故が発生した時にとるべき行動についても周知することも効果的である。

　以下に，広報・啓発の基本的な内容について示す。

　（a）避難方法

　　トンネル内の火災時には急速に煙が広がることで，トンネル内の利用者の避難が困難となるおそれがあり，火災時には適切な対応を図り早期に避難することが重要となる。

　　トンネル内で火災が発生した場合の利用者がとるべき避難行動を，積極的に広く利用者へ啓発を行うことが考えられる。

(b) トンネル内設備の利用方法

トンネル内において，火災その他の事故が発生した場合には，トンネル内の利用者からの通報や初期消火等の対応が非常に重要となる。このため，トンネル内の利用者が直接操作する通報設備や消火設備については，操作方法，設置場所を周知する必要がある。これには，道路休憩施設において各設備の設置位置，操作方法等を明記した看板の設置やビデオ映像の提供，パンフレットの作成配布をすることのほか，消火設備の展示等が考えられる。とくに，通報設備は火災その他の事故のみならず，トンネル内の落下物や異常を利用者から道路管理者へ連絡する手段となるため，積極的な広報・啓発が有効である。

(3) **非常用施設の維持管理**

非常用施設は，トンネル内に火災その他の事故が発生した際，その機能が適切に発揮されることが求められる。非常用施設に関する各種設備・装置の多くは，平常時に稼働することがほとんどないため，日常の維持管理を適切に行い，各施設が健全な状態であることを保持することが重要である。すなわち，非常用施設の維持管理では，上述した非常用施設の特殊性をふまえ，点検の方法や頻度，施設の更新や交換の計画等を定めておくことが求められる。

非常用施設の維持管理における点検項目や留意点については，「**道路トンネル維持管理便覧【付属施設編】**」[1] を参考にできる。

5-2 通報設備

> 通報設備の運用にあたっては，通報設備からの信号を受信した後の設備運用についてあらかじめ定めておくとともに，関係機関との連携等の対応方法について配慮する。

【解　説】

　通報設備は，トンネル内における火災その他の事故の発生を管理所等に通報し，警報設備の制御，救助・消火活動等の円滑化を図るものである。

　運用にあたっては，火災その他の事故の発生事実ならびにその状況について，情報の入手・確認・提供，関係機関との連携等について，その方法，体制等をあらかじめ定めておくことが重要である。

1) 通報設備からの信号を受信した後の設備運用

　自動通報設備や操作型通報設備が設置されているトンネルにおいては，迅速かつ的確に各設備の操作を行うため，これらの通報設備からの情報の入手と同時に作動させることが必要な設備を自動的に連動制御することが望ましい。自動的に連動制御を行う設備として考えられるのは，警報設備，消火設備，排煙設備，監視設備，照明施設等がある。この場合，自動通報設備が設置されているトンネルでは，警報設備，消火設備，排煙設備，監視設備，照明施設をあらかじめ設定した運用手順に従って自動的に連動制御することが多い。ただし，相応の管理体制（監視設備等による 24 時間管理）を行っているトンネルで，直ちにトンネル内の状況を監視設備によって確認できる場合は，トンネル内の状況を確認したうえで各設備を作動させることが一般的である。このほか，換気施設が設置されているトンネルにおいても，通報設備からの情報と連動して換気機を停止する運用を行う例がある。また，自動通報設備が設置されていないトンネルでは，警報設備，照明施設を自動的に連動制御することが多い。

なお，避難情報提供設備，水噴霧設備については監視設備等によりトンネル内の状況を確認したうえで手動で作動させる場合と，あらかじめ設定した運用手順にしたがって自動で作動させる場合がある。

一方，非常電話による通話型通報設備からの通報に対しては，各設備との連動制御は行わず，通報内容に応じて各設備を手動で作動させるのが一般的である。

火災その他の事故等の通報を受けた場合は，一般に当初から火災その他の事故の発生が確認できるだけの詳細な情報を現地から得ることは難しいことが多い。このため，通報を受けた時点では，必要となる関係機関との連絡とともに，上記に示した各設備の運用等の対応を行い，その後，現場に赴き状況の把握，状況に応じた対策を講じる必要がある。

通報設備からの信号を受信した後の設備運用については，付図－2.1～付図－2.3の例が参考となる。

2) **関係機関との連携等の対応方法**

火災その他の事故が発生した時における警察・消防等の関係機関との連携は，トンネルが位置する行政区域，消防隊がトンネルに到着する時間等を考慮することが重要であることから，関係機関と事前に協議・調整等を行い，対応所轄署の連絡先，連絡方法等について定めておく必要がある。

5－3 警報設備

> 警報設備の運用にあたっては，通報設備等からの情報に応じて，利用者に提供する警報情報の内容をあらかじめ定めておく。

【解　説】

　警備設備は，トンネル内における火災その他の事故の発生を走行している後続車両や対向車両に知らせ二次的災害を軽減する目的で，視聴覚等により利用者に知らせるものである。このためには，たとえば火災その他の事故が発生した場合に，直ちに警報表示装置に表示することが重要である。

　運用にあたっては，自動通報設備と操作型通報設備等からの情報に応じて，発生事象に適した表示を行う必要がある。

1) 警報情報の内容

　警報設備は，自動通報設備と操作型通報設備からの信号の違いを判別し，事象内容等を表示することにより，事態の緊急性，危険性等の情報を利用者に提供する必要がある。

　表示内容は，操作型通報設備からは「事故発生」等，自動通報設備からは「走行注意」，「火災発生」，「進入禁止」等のように定めておくことが必要である。トンネル内に補助警報表示装置が設置される場合には，当該トンネルを走行中の利用者に対して，火災その他の事故の発生地点を考慮した内容を表示することが一般的である。

2) 広域的な情報提供

　トンネルで火災その他の事故が発生した場合にはその規模等に応じ，発生地点から遠方に位置する車両に対し広域に情報を発信することで，早期に経路の変更を促し，火災その他の事故が発生したトンネルへの更なる利用者の集中を抑えることが有効である。

遠方の車両への情報提供の方法としては，必要に応じて情報を提供する機関と連携を図りつつ，道路情報表示装置や路側放送設備等により，事象内容，規制状況，迂回情報等を交通への影響が予想される広域的な範囲に対して提供すること等が考えられる。

5－4　避難誘導設備

> (1)　避難情報提供設備
> 　避難情報提供設備の運用にあたっては，通報設備等からの情報に応じて，トンネル内の利用者に提供する避難情報の内容等をあらかじめ定めておく。
> (2)　排煙設備
> 　排煙設備の運用にあたっては，トンネル内の利用者の避難状況を考慮し，運転方法等についてあらかじめ定めておく。

【解　説】
　避難誘導設備は，トンネル内で火災その他の事故に遭遇した利用者を当該トンネルの外へ安全に誘導，避難させるための施設である。
　避難誘導設備の運用にあたっては，火災その他の事故の発生地点等に応じ，それぞれの設備の運用範囲，運用するタイミング等を設定するとともに，自動・手動切替方法や動作手順，その内容等をあらかじめ定めておく必要がある。

(1)　避難情報提供設備
　避難情報提供設備はトンネル内で発生した異常事象に対し，道路管理者等から利用者に視聴覚等を通じて避難を促す情報等を提供する設備である。車内・車外の利用者への情報提供の運用について以下に示す。

　①　車内の利用者に対する情報提供
　　車内の利用者に対する情報提供設備は，トンネル内で異常事態が発生した場合，道路管理者等から車内の利用者に対しトンネル内の情報を提供するものであり，トンネル内の異常事象に応じ的確な状況把握ができる情報提供の内容，範囲，タイミングをあらかじめ定めておく必要がある。
　　なお，ラジオ再放送設備（割込み機能付き）を用いる場合，道路管理者等

は同設備の機能について利用者の理解を得られるよう，トンネル通過時には，ラジオをつけることを表示板等で周知することが有効と考えられる。

② 車外の利用者に対する情報提供

車外の利用者に対する情報提供設備は，火災その他の事故の発生時に車両から離れた利用者に対し，道路管理者等からトンネル内の情報を提供するものであり，トンネル内の異常事象に応じ的確な状況把握ができる情報提供の内容，範囲，タイミングをあらかじめ定めておく必要がある。

また，管理所等より定型以外のメッセージを放送するなどの情報提供を行う場合は，操作する手順を定めておくとともに，操作者が手順を定期的に確認しておくことが有効である。

(2) 排煙設備

排煙設備は，トンネル内の利用者の避難行動や消防隊による救助・消火活動等の支援を図ることを目的としている。そのため，排煙設備については，火災その他の事故が発生した際のトンネル内の利用者の避難状況を考慮した適切な運用を行う必要がある。

排煙設備に求める役割は，火災初期段階と火災後期段階で異なる。火災初期段階では主として利用者の避難行動を支援するためのトンネル内の避難環境の向上を，火災後期段階では主として消防隊による救助・消火活動等の支援を図ることを目的とした運用を考えることとなる。

以下に各段階における排煙設備の運用の考え方等について示す。ただし，火災初期段階における排煙設備の運用については，排煙設備による煙の排出もしくは抑制する方式によって，その考え方が異なることから，それぞれの方式毎に考えておく必要がある。ここでは，排煙設備の運用として，平常時における換気施設の換気方式を用いる場合の考え方を示す。なお，換気施設が不要となる条件において排煙設備を設置する場合には，トンネル内の天井部にジェットファンを設置し，トンネル内の断面を用いて煙を排出もしくは制御する方法（換気方式でいう「ジェットファン縦流換気方式」に相当）が一般的であることか

ら，その場合には以下に示す縦流換気方式のうちジェットファンによる縦流換気方式の運用の考え方を参考に運用することとなる。

① 火災初期段階における運用

　排煙運転で重要なことは火災初期段階における運転である。この場合，排煙設備は利用者の避難状況を考慮し，避難環境の向上が図られるように制御する必要がある。火災時の排煙設備の運転方法は，換気方式，交通方式，火災発生位置，火災の規模，自然風の状況等によって異なり，一律に規定することはできない。火災時における排煙設備の運用の基本は，煙を避難に必要な空間に拡散させないようにすることである。ダクトによる排煙が可能な換気方式の場合はできるだけ火点の近くでダクトに吸引し，避難する方向へ煙が流れないようにする必要がある。ダクトが無い方式の場合は，避難する方向へ煙が流れないように無風または拡散しない程度の風速を保つ必要がある。とくに，縦流換気方式において歩道を有するトンネルや対面通行トンネルのように避難方向を特定できない場合は，熱気流をできるだけ乱さないようにし，路面付近に煙が降下するのを最小限におさえる必要がある。ダクトに排煙が可能な方式の場合でも，一方通行の場合や火災発生地点が坑口付近の場合等では，本線トンネルを通しての排煙が効果的な場合がある。

　火災時に重要となる本線トンネルにおける煙の挙動は，縦断勾配等の影響を受ける。また，利用者の避難行動は，交通方式（一方通行，対面通行）により異なり，交通状況（渋滞の有無等）によっても変化すると考えられる。したがって，火災時の排煙設備の適切な運転のためには，避難状況の的確な把握と高度な技術的判断が必要である。しかし，緊急を要する状況においてこれらを要求することは困難である。このため，想定される火災時における排煙設備の運転方法，運転台数に関する操作の手順をあらかじめ作成しておくことが必要である。とくに，トンネル内に立坑や分岐・合流を有しているなどの特殊な構造のトンネルの場合は，数値解析等で現実に近い状況を再現することで状況の確認をしておくことにより，特殊性を考慮した操作の手順

を定めることが可能となる。
(a) 縦流換気方式
　a）一方通行
　　一方通行トンネルの場合は，事故地点もしくは火災地点より進行方向前方の車両はそのまま走行し，火災地点より後方の車両は事故車両等により滞留していることが予想されることから，排煙はあらかじめ決められた台数の排煙設備によって進行方向前方に行うことが基本となる。このような運用により火災事故による煙は事故地点よりも下流側へ流されて，車両が滞留し利用者が避難している上流側に拡散しなくなる。
　　なお，トンネル内にて渋滞等により火災地点より進行方向にも滞留車両が存在し，その確認が監視設備等で可能な場合においては，排煙運転を進行方向前方に行わず換気機を停止するなどの対応を図る。
　b）対面通行
　　対面通行トンネルの場合は，火災地点をはさんで後続車両が両側に存在することとなるため，煙の拡散を極力小さくするとともに利用者が避難しやすい環境を確保することが求められる。そのため，排煙設備による運転は行わず，換気施設を運転している場合は停止することが基本となる。
　　なお，長大トンネルにおいては火災地点より距離が離れているジェットファンの運転や，換気機を連続的に制御することで，縦流風速を極力0m/sに近づけてその後も維持する制御を行っている例がある。
(b) 横流換気方式および半横流換気方式
　送排風機およびダクトを用いて排煙を行うものであり，ブロック毎（ダクト毎の組合せ）の排煙運転が可能な方式である。ただし，一方通行，対面通行トンネルを問わず，火災地点と換気区間の関係から運転方法が異なるのでトンネルの特性に合わせ，あらかじめ各地点毎の火災時の運転パターンを決定しておく必要がある。また，横流換気方式であっても，送排気を区間毎に組み合わせる場合には，縦流風が発生すること等の換気の特徴を十分把握し

て検討する必要がある。

　排煙設備の運用として，換気施設の換気方式を用いる場合について，主な換気方式別の火災初期段階における運転パターンの例を**解説表－5.2**に示す。
　なお，換気施設として設置され，換気機を運転している場合は，速やかに**解説表－5.2**に示す排煙設備としての運用に切り替える必要がある。
　排煙設備の運転は，自動通報設備の信号によって，排煙設備をあらかじめ設定されている火災時の運転パターンで自動的に運転できるようにしておくことが一般的である。なお，操作型通報設備の信号により自動連動を行っている例もある。

解説表-5.2 主な換気方式別の火災初期段階における運転パターンの例

換気方式	一方通行[※1]	対面通行[※2]
ジェットファン縦流換気方式	・車両進行方向にジェットファンを運転する。	・ジェットファンを運転せずに，煙の拡散を抑制する。
立坑送排気縦流換気方式	・火災地点がトンネル入口～立坑間の場合，立坑排風機を運転し，煙を立坑から排出する。 ・火災地点が立坑～トンネル出口間の場合，立坑送風機を運転し，煙をトンネル外に排出する。	・送排風機を運転せずに，煙の拡散を抑制する。
立坑集中排気縦流換気方式	・火災地点がトンネル入口～立坑間の場合，立坑排風機を運転し煙を立坑から排出する。また，ジェットファンが設置されている場合は，車両進行方向に運転する。 ・火災地点が立坑～トンネル出口間の場合，排風機を停止する。また，ジェットファンが設置されている場合は，車両進行方向に運転する。	・排風機を運転せずに，煙の拡散を抑制する。
横流および半横流換気方式	・火災地点により送気，排気または停止するかをあらかじめ決めておき（火災地点と換気区間により決定），換気機を運転または停止する。	・火災地点により送気，排気または停止するかをあらかじめ決めておき（火災地点と換気区間により決定），換気機を運転または停止する。

※1：火災地点より進行方向に滞留車両が存在する場合を除く
※2：歩道を有する一方通行のトンネルを含む

② 火災後期段階における運用

　消防隊が救助・消火活動を行う際や，道路管理者が復旧活動を行う際に，トンネル内に煙が充満しているとこれらの活動の妨げになるので，救助・消火活動や復旧活動の環境を確保するためにトンネル内の排煙を行う必要がある。トンネル内に充満している煙を本線トンネルを用いてトンネル外へ排出する際，煙が通過する箇所では高濃度かつ大量の煙等の通過が考えられるため，排煙を行う場合は煙が通過する箇所に利用者等がいないかどうか確認しておく必要がある。このため，排煙運転は，実際に現地で道路管理者や消防隊員が安全を確認した時点で実施することが一般的である。

　火災状況，救助・消火活動の容易性により，消防隊の進入方向が異なってくる事態も想定されるので，排煙方向を逆転する場合がある。したがって，排煙設備の仕様もこれを考慮して対応しておく必要がある。

　なお，運転については，消防隊と十分調整をしたうえで行うものであり，事前に消防機関と運転方法について協議を済ませておくことが一般的である。

③ その他

（a） 避難通路の昇圧

　火災時において，避難通路内の気圧を本線トンネルより高くし，避難通路内への煙の進入を防止する対策が有効となる場合がある。

（b） 電気集じん機の運用

　一般に電気集じん機は，排煙運転には使用しない。これは電気集じん機を通過する熱風により送風機や集じんユニットが損傷するためである。また，送風機を逆転させるにしても，効率が非常に悪いため，一般的に排煙設備として用いられていない。

5-5 その他の設備

> (1) 水噴霧設備
> 水噴霧設備の運用にあたっては，放水時期，放水区画等についてあらかじめ定めておく。
> (2) 監視設備
> 監視設備の運用にあたっては，トンネル内の状況確認が確実に行えるよう，操作手順等についてあらかじめ定めておく。

【解　説】
　その他の設備は，通報設備，警報設備，消火設備および避難誘導設備を補完し，救助活動および消火活動等を容易にするための設備である。
　その他の設備の運用にあたっては，火災その他の事故の発生地点等に応じ，それぞれの設備の運用範囲，運用するタイミング等を設定するとともに，自動・手動切替方法や動作手順等をあらかじめ定めておく必要がある。

(1) 水噴霧設備
　水噴霧設備の目的は，微細な粒子状の水を噴出することにより火災地点の温度を下げ，火災の延焼および火勢の拡大を抑制するとともに，トンネル本体および施設の防護を行い，消火活動等を支援することにあるとされている。そのため，火災の位置を早期に把握し，水噴霧設備を適切に作動させることが重要となる。しかし，噴霧状の水幕およびトンネル内の温度の低下により煙の降下が生じるので，走行車両あるいは利用者の避難の障害となる可能性もある。このため，水噴霧の放水における自動弁ロックの解除は監視設備あるいは現場の道路管理者等により放水区画および風下側に避難する利用者等がいないこと等を確認して行うことが望ましいが，煙が充満して避難状況を明確に確認でき

ない場合は放水を行う時期を判断することが難しくなる。したがって，水噴霧の放水を行う時期および放水区画等は事前にトンネルの状況を勘案して定めておくとともに，運用にあたっては，事前に関係機関と協議しておくことが必要である。

また，放水を行うにあたっては，火災発生を自動通報設備等の通報によって受信し，放水する自動弁の選択および消火ポンプの起動を防災受信盤で行い，道路管理者等の判断にて自動弁ロックを解除するのが一般的である。

(2) 監視設備

監視設備は，通話型通報設備，操作型通報設備，自動通報設備等からの通報を受けた場合に画像によりトンネル内の状況を確認するために利用されるものであるため，あらかじめトンネル内の監視を行うべき範囲を定めておく必要がある。また，複数の画像を管理所等より確認できる場合は，トンネル内のどの範囲の画像であるかが認識できるよう，画像の切替手順や操作方法等を定期的に確認しておくことが一般的である。

5－6　照明施設

> 通常時の交通の用に供することを目的として設置する照明施設は，火災その他の事故の発生時の運用をあらかじめ定めておく。

【解　説】

　火災時における避難行動等に資するため，通常時の交通の用に供することを目的として設置する照明施設を火災その他の事故の発生時においても適切に運用する必要がある。このため，照明施設は通報設備からの信号を受信し，自動的に点灯できるようにしておくことが一般的である。

　基本照明は，夜間においては調光することが一般的であるが，火災の発生時には，煙により光の透過が妨げられるので，調光している基本照明は昼夜を問わず全点灯とする場合が多い。また，管理体制，照明施設の制御方式等に留意し，この処置が迅速に行えるよう運用について十分検討しておく必要がある。

参考文献

1)（公社）日本道路協会：道路トンネル維持管理便覧【付属施設編】，平成28年11月

付 属 資 料

付属資料1　　関連設備

付属資料2　　運用マニュアル策定に関する参考資料

付属資料1　関連設備

目　次

(1)　非常用施設を制御する設備 …………………………………………… 103
(2)　水を供給する設備 ……………………………………………………… 108
(3)　停電時に電力を供給する設備 ………………………………………… 110
(4)　ダクト内の空気を冷却する設備 ……………………………………… 112

(1) 非常用施設を制御する設備

　非常用施設を制御する設備は，トンネル内において火災その他の事故が発生した場合に，自動通報設備または操作型通報設備からの信号や利用者からの通報があった際に，非常用施設の設置目的に応じて迅速かつ的確に作動させるため，通報設備からの信号と連動させる機能や道路管理者によって操作できる機能等を有するものである。非常用設備を制御する設備には，防災受信盤，受信制御機，監視盤，遠方監視制御設備，モニター盤等がある。

1）防災受信盤

　防災受信盤は，**付写真－1.1**に示すような形状等で自動通報設備が設置されているトンネルの電気室等に設置するのが一般的である。

　防災受信盤は，操作型通報設備，自動通報設備から火災その他の事故の発生を知らせる通報信号を受信し，管理所等の遠方監視制御設備等に信号を送信する機能等を有することが一般的であり，また，非常警報設備を作動させるとともに，消火栓設備等の消火ポンプ，避難情報提供設備，排煙設備，水噴霧設備，監視設備，照明施設を作動させる信号を送信する機能を有する装置である。なお，自動通報設備の設置がなく，消火栓が設置される場合は，防災受信盤に代えて非常警報設備の制御装置で消火栓の信号を取り込むほか，消火ポンプを起動させることができるものもある。

　停電時対策としては，無停電電源装置や予備発電設備等により，防災受信盤の機能を40分以上維持できるようにしているのが一般的である。その場合，押ボタン式通報装置の赤色表示灯の点灯を停電発生から30分経過後においても10分間維持できるようにしているのが一般的である。なお，予備発電設備が設置されている場合には，停電時に電力の供給を必要とする各設備の機能が維持されるように配線設計をしておく必要がある。

付写真-1.1 防災受信盤の例

2) 受信制御機

受信制御機は，付写真-1.2に示すような形状等で管理所等に設置することが一般的である。

受信制御機は，火災その他の事故が発生した場合に非常警報設備の制御装置からの信号や故障等の設備状態を受信し，該当するモニターランプの点灯と警報ブザーが鳴動できる機能を有する必要がある。また，警察・消防等の関係機関からの連絡により道路管理者を介して非常警報設備を作動させる信号を送信する機能を有することや，モニター盤が警察署や消防署等に設置されている場合には，「事故発生」や「試験中」の信号を転送する機能を有する必要がある。

停電時対策としては，無停電電源装置や予備発電設備等により，40分以上の機能を維持できるようにしているのが一般的である。なお，予備発電設備が設置されている場合には，停電時に電力の供給を必要とする各設備の機能が維持されるように配線設計をしておく必要がある。

付写真-1.2 受信制御機の例

3) 監視盤

監視盤は，付写真-1.3に示すような形状等で受信制御機と同じ管理所等に設置されているのが一般的である。

監視盤は，受信制御機からの「事故発生」の信号を受信し，該当するモニターランプの点灯と警報ブザーの鳴動ができる機能を有する必要がある。

付写真-1.3 監視盤の例

4）遠方監視制御設備

道路管理者等の管内がネットワーク化され，複数のトンネルを管理する場合，管理所等に**付写真－1.4**に示すような形状等でサーバを用いた処理装置，電気室に設置した伝送装置とパソコン等を使った操作端末で構成された遠方監視制御設備等を設置し，一元的に各設備の管理を行う場合がある。処理装置や伝送装置等と接続し，情報の収集や操作端末により非常用施設の監視制御を行っている例が多い。

また，伝送装置に照明施設や換気施設等との監視制御信号の授受を行う機能を持たせ，遠方監視制御設備で各施設を一元的に管理している例や，警察署や消防署等にモニター盤を設置する場合は，非常警報設備の制御装置と受信制御機を経由して，遠方監視制御設備にて監視制御を行っている例もある。**付図－1.1**に遠方監視制御設備の例を示す。

付写真－1.4　遠方監視制御設備の設置の例

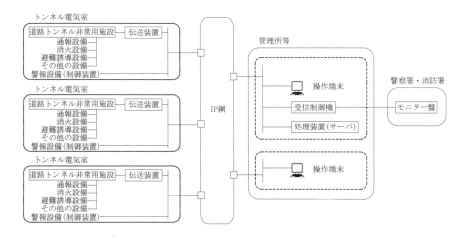

付図-1.1 遠方監視制御設備の例

5) モニター盤

モニター盤は，**付写真-1.5**に示すような形状等で必要に応じて警察署や消防署等に設置されている。

モニター盤は，受信制御機からの「事故発生」，「試験中」の信号を受信し，該当するモニターランプの点灯と警報ブザーが鳴動できる機能を有する必要がある。

停電時対策としては，無停電電源装置等により，40分以上の機能を維持できるようにしているのが一般的である。

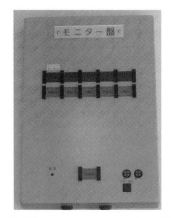

付写真-1.5 モニター盤の例

(2) 水を供給する設備

水を供給する設備は，消火栓設備，給水栓設備，水噴霧設備等で必要となる水量を確保し，各設備に水を供給するための設備であり，配水設備，取水設備がある。

1) 配水設備

配水設備は，消火栓設備，給水栓設備，水噴霧設備等に水を供給する設備で主水槽，ポンプ，還流装置，呼水装置，配水管等から構成される。

① 主水槽

主水槽は，消火栓設備（3個同時放水），給水栓設備（2個同時放水）および水噴霧設備（2区画同時放水）により各々40分程度放水できる容量を確保することが一般的である。また，ダクト内の空気を冷却する設備を設置する場合には，これを含めた容量を加算することが一般的である。

設計にあたっては，地震，風，腐食作用等による漏水がおこりにくい材質とし，必要に応じて点検口，梯子，水位表示器等を設置する。

主水槽の位置は，ポンプ動力が小さくなる位置，取水が容易に得られる位置，電気施設に近い位置等の条件を検討する。

② ポンプ

ポンプは，消火栓設備，給水栓設備，水噴霧設備等に必要な圧力で給水できる能力を有する必要がある。

ポンプ室内部の例を**付写真－1.6**に，ポンプ制御盤の例を**付写真－1.7**に示す。

付写真－1.6 ポンプ室内部の例　　**付写真－1.7** ポンプ制御盤の例

③ 還流装置

還流装置は，消火ポンプ吐出側に設置する場合がある。

④ 呼水装置

呼水装置は，火災時に消火活動を迅速に行うために配水主管を常時満水にし，あわせて自動弁作動圧等の保持およびポンプの呼水用として設置するもので，自動給水装置や呼水槽等を設置する例がある。呼水槽を単独で設置する場合の貯水容量は$1m^3$程度とする例が多く，寒冷地に設置する場合は凍結防止対策を施す必要がある。また，呼水槽の水位は自動弁装置の動作水圧を考慮して高さを設定する。

⑤ 配水管

配水管は，水量，管径，管長，管路等による摩擦損失等を考慮し，ポンプより最も遠い消火栓設備の筒先または水噴霧ヘッドより必要な水量を必要な

圧力で放出できる必要がある。なお，寒冷地に設置する場合は，凍結防止対策を施す必要がある。

配水主管として繊維補強ポリエチレン管をトンネル内のハンドホール部等，熱の影響を受ける場所に設置する場合は耐熱対策が必要となる。また，配水主管の布設は状況に応じてループ配管とする場合がある。

2）取水設備

取水設備は，水源から配水設備の主水槽へ水を供給する設備で配水管，ポンプ，取水槽等から構成される。水源は一般に公共用上水道とする場合が多い。公共用上水道による水源の確保が困難な場合はトンネル湧水，河川等があるが，年間をとおして安定した水の供給が得られるものを選定する必要がある。そのため，取水槽を設置する場合には，渇水期の水量を調査し，主水槽に12時間以内に満水できる水量とするのが一般的である。水源をトンネル湧水，河川等とする場合には，取水槽に沈砂槽を設ける例が多い。

(3) 停電時に電力を供給する設備

停電時に電力を供給する設備は，停電が発生した場合に非常用施設および照明施設に必要な電力を供給するための設備であり，無停電電源装置，予備発電設備がある。

1）無停電電源装置

無停電電源装置は，停電時直後から予備発電設備が安定状態に入るまで（通常時は10分程度）の間におけるトンネル照明施設の基本照明の1/8以上の明るさ[1]や非常用施設等の機能の一部を維持するためのもので，蓄電池，充電器，インバータ等から構成される。無停電電源装置には，照明器具等に組み込まれている内蔵型と**付写真－1.8**に示すように電気室等に設置されている別置型がある。

設計にあたっては，消防法令，経済産業省令等の関連法令を遵守する必要がある。

付写真-1.8 無停電電源装置の設置の例

2) 予備発電設備

　予備発電設備（自家発電設備）は，商用電源が停電した場合にトンネル照明施設の基本照明1/4以上の明るさ[1]および非常用施設等の機能の一部を維持するために必要な電源を供給するものである。

　設計にあたっては，消防法令，経済産業省令等の関連法令を遵守する必要がある。燃料槽の容量は，トンネルの地理的条件等による給電信頼度と燃料補給の時間的制約にもよるが，非常用施設の重要度を考慮して連続運転24時間相当としている例が多い。

　予備発電設備の設置の例として，**付写真-1.9**(a)にディーゼルエンジン発電装置の例，(b)にガスタービンエンジン発電装置の例を示す。

(a) ディーゼルエンジン発電装置の例　　(b) ガスタービンエンジン発電装置の例

付写真－1.9　予備発電設備の設置の例

　予備発電制御盤は，発電機，エンジンおよび一連の各種周辺装置を支障なく稼動させるもので，**付写真－1.10**に示すように主しゃ断器等を収納した発電機盤とエンジンの始動等運転を行う自動制御盤から構成される。

付写真－1.10　予備発電制御盤の設置の例

(4) ダクト内の空気を冷却する設備

　ダクト内の空気を冷却する設備は，換気用の送排気ダクトを利用して火災時の排煙運転を行う場合に，高温の排気風から換気機等を保護するための設備であり，水噴霧ヘッド，自動弁装置，温度検知器等から構成される。

　水噴霧ヘッドは，換気機手前のダクト内に設置し，できるだけ一様に微細な粒子状の水を噴出できるように配置し，水の粒子と排気風が十分混合し，蒸発

するようにする。放水量は，保護する換気機・ダンパー等の使用耐熱温度，排気風の温度等を考慮して計画する例が多い。なお，排気風の温度は，安全側をとって火災地点が換気所に近い場合を想定するのが一般的である。

　ダクト内に温度検知器を設置し，排気風の温度が設定温度以上になった時に自動的に自動弁装置が開くよう設計する例が多い。

参考文献

1)（社）日本道路協会：道路照明施設設置基準・同解説，平成 19 年 10 月

付属資料2　運用マニュアル策定に関する参考資料

目　次

(1)　概説 …………………………………………………………………… 117

(2)　運用マニュアル類の記載項目の例 ………………………………… 118

(1) 概説

　トンネル内において火災その他の事故が発生した場合には，利用者等の安全の確保および被災の拡大防止を図ることが重要であり，道路管理者は関係機関と連携して非常用施設の迅速かつ的確な運用を図ることができるよう，あらかじめ運用の内容等を定めておく必要がある。そのため，トンネル内の火災その他の事故を想定して，非常用施設の運用と連絡体制等について運用マニュアル類を作成しておくことが有効となる。

　本資料は，各道路管理者が，運用マニュアル類を作成する際の参考となるように例示したものである。運用はトンネルの条件のほか，設置されている非常用施設の種類，管理体制，関係機関等により一様に定まるものではなく，マニュアル化の是非およびその内容を含めて道路管理者が適切に判断する必要がある。本資料を参考にする際は，必要な情報を取捨選択し組み合わせることができる。またマニュアルの作成にあたっては，道路台帳等の資料を活用することが合理的である。

1) 概要

　トンネル内には，そのトンネルの等級に応じた非常用施設が設けられている。これらの施設を火災その他の事故の発生時にその設置目的に沿って迅速かつ的確に運用するためには，非常用施設の必要性，機能，目的等を十分理解し，その方法を明確にしておく必要がある。とくに，警報設備，照明施設，排煙設備については，通報設備から火災その他の事故の通報を受けた段階で直ちに運用することが，利用者の避難環境の向上や二次的災害の軽減を図ることにつながる。このためには，事前に非常用施設の運用マニュアルを定めるとともに防災訓練等を通じて，火災その他の事故時における作動の遅れや誤作動を回避することが重要となる。

　また，非常用施設の迅速かつ的確な運用が図れるように関係機関との連携体制を確立しておくことが必要である。

2) 運用マニュアルで定めるとよい項目の例

　非常用施設の運用に関するマニュアルの主な内容としては，以下の項目が考えられる。
- 運用マニュアルの目的，適用範囲にかかる事項
- 対象トンネルおよび施設に関する情報にかかる事項
- 連携体制の構築にかかる事項
- 火災その他の事故が発生した際の運用の内容にかかる事項
- 火災その他の事故発生後の対応の記録にかかる事項

(2) 運用マニュアル類の記載項目の例
1) **目的，適用範囲等にかかる事項**
　(a) 目的
　　本運用マニュアルは，トンネル内（周辺を含む）で火災その他の事故が発生した場合における非常用施設の運用に関する事項を定め，非常用施設の迅速かつ的確な運用を図ることを目的とする。
　(b) 適用範囲
　　本運用マニュアルは，○○（○○は道路管理者を示す）が管理しているトンネルにおいて，火災その他の事故が発生した場合における非常用施設の運用に適用する。

2) **対象トンネルおよび施設に関する情報にかかる事項**
　①トンネル諸元等（名称，位置，路線，延長，等級，交通量等）
　②設置された非常用施設の情報（仕様，性能，写真等）
　③各種図面（断面図，平面図，機器配置図等）
　④管理主体や関係機関等からのアクセス　等

3) **連携体制の構築にかかる事項**
　①関係機関に関する情報（緊急連絡先，組織体制，連絡方法等）
　②関係機関の役割と連携内容

付表－2.1に緊急連絡先一覧の例を示す。

付表−2.1 緊急連絡先一覧の例

連絡先	連絡方法	備　考
道路管理者	電話，FAX，無線　等	上位機関を含む
警察		
消防		
その他関係機関		地方公共団体（都道府県市町村），点検業者等

4) **火災その他の事故が発生した際の運用の内容に関する事項**
　(a) 火災その他の事故発生の判断の例
　　① 火災
　　　・監視設備により火災を確認した場合
　　　・自動通報設備等により火災を検知した場合
　　　・通話型通報設備によりその他火災発生の通報があった場合　等
　　② その他の事故
　　　・監視設備によりその他の事故等（故障車両等）を確認した場合
　　　・操作型通報設備等によりその他の事故等を検知した場合
　　　・通話型通報設備によりその他の事故等発生の通報があった場合　等
　(b) 運用を検討する際に考えておくべき行動パターンの例（火災の場合）
　　付図−2.1〜付図−2.3に運用を検討する際に考えておくべき行動パターンの例を示す。

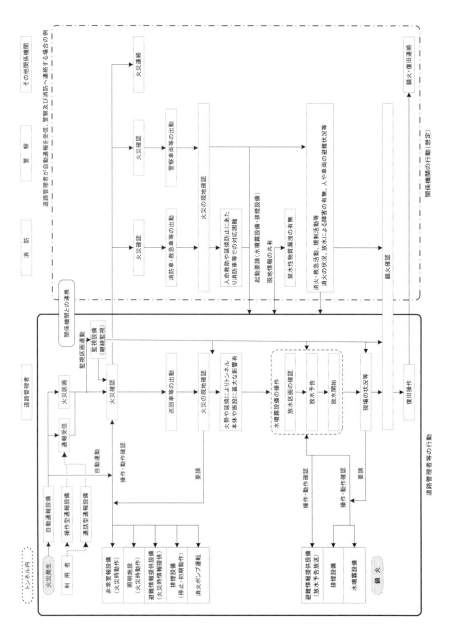

付図-2.1 運用を検討する際に考えておくべき行動パターンの例(AA等級の例)

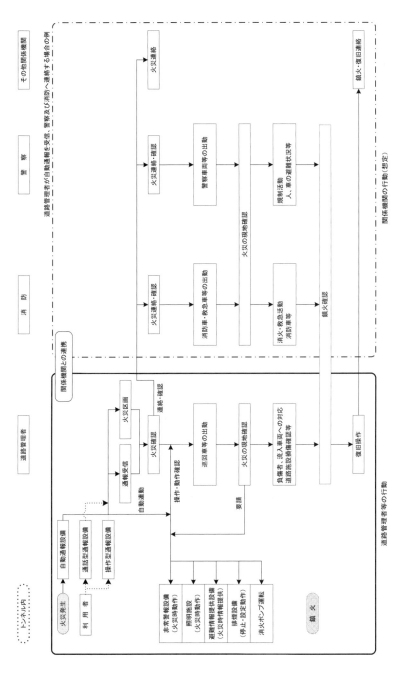

付図−2.2 運用を検討する際に考えておくべき行動パターンの例（A等級の例）

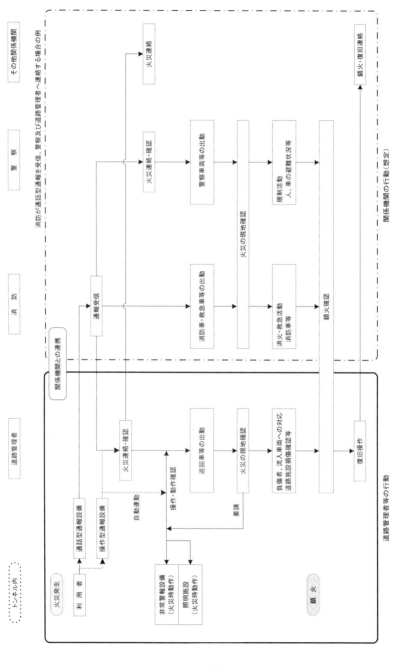

付図-2.3 運用を検討する際に考えておくべき行動パターンの例（B等級、C等級の例）

(c) 非常警報設備の表示内容の例

付表-2.2に非常警報設備の表示内容の例を示す。

付表-2.2　非常警報設備の表示内容の例

事象（原因）	警告内容（行動）
事故発生	走行注意
作業中	進入禁止
火災発生	片側通行
落下物有	交互通行　等
故障車有　等	

5)　火災その他の事故発生後の対応の記録に関する事項

火災その他の事故発生後の対応にあたり，以下の内容を記録する。

①発生日時

②発生場所

③関係車両

④死傷者の有無，人数

⑤火災の有無

⑥規制状況

⑦渋滞状況

⑧概要

⑨概要図

⑩事故時系列（通報，警報表示，放送，連絡，状況，終了報告等）

⑪その他

　写真・動画，報道発表　等

付表-2.3に記録様式の例を示す。

付表-2.3 記録様式の例

トンネル	発生報告書（第　報）		
1. 発生日時：	年　月　日　時　分　天候（　）路面（乾燥／湿潤）		
2. 発生場所：上／下線	トンネル入／出口より（　　　m付近）		
3. 関係車両	普通乗用	大型バス	トレーラ	普通貨物	大型貨物	二輪車	合計
関係車両	台	台	台	台	台	台	台
事故車両	台	台	台	台	台	台	台
自走不可車両	台	台	台	台	台	台	台
4. 死傷者：	無／有（死亡　　　名・負傷　　　名）		
5. 火災：	無／有		
6. 規制状況：通行止／車線規制（　時　分 ～ 　時　分）			
7. 渋滞状況：	無／有　約　　　　m　　報告者		
8. 概要			
当事者氏名： 車種等： 連絡先：			
9. 概要図			

		事故時系列	
（発見者）		道路管理者／事故関係者／通行者／その他	
通報	通報時刻（警察）	（受／発）時間　：　：　氏名 ～ ：　：	
	通報時刻（消防）	（受／発）時間　：　：　氏名 ～ ：　：	
装置警報表示	表示時間	時間　：　：　氏名	
	表示内容		
放送	避難情報提供内容	時間　：　：　氏名	
連絡		時間　：　：　氏名	
状況	警察到着時刻	時間　：　： ～ ：　：	
	検分		
	消防到着時刻		
	救急車到着時刻		
	道路管理者到着時刻		
	事故車排除	（有／無）	
	路面清掃	（有／無）	
	規制		
終了報告		時間　：　：　氏名	
		時間　：　：　氏名	
道路損傷状況（有／無）			

執筆者一覧

砂金 伸治	石村 利明	今村 一基之
上原 勇気	日下 敦	齊藤 博
坂口 琢磨	笹川 陽平	佐藤 宏一
清水 雅之	鈴木 清輝	寺戸 秀和
中本 勝	七澤 利明	鳴海 真人
深澤 元	堀内 浩三郎	間渕 利明
森本 和寛	森本 智	矢野 槙一

道路トンネル非常用施設設置基準・同解説

令和元年 9 月30日　改訂版 第1刷発行
令和 7 年 3 月31日　　　　　第2刷発行

編　集　公　益　日本道路協会
発行所　社団法人
　　　　　　　東京都千代田区霞が関 3-3-1
印刷所　株式会社　小薬印刷所
発売所　丸善出版株式会社
　　　　　　　東京都千代田区神田神保町2-17

※本書の無断転載を禁じます。

ISBN978-4-88950-514-6 C2051

日本道路協会出版図書案内

【電子版】　　　　　　　　　　　※消費税10%を含む（日本道路協会発売）

図　書　名	定価(円)
道路橋示方書・同解説Ⅰ共通編（平成29年11月）	1,980
道路橋示方書・同解説Ⅱ鋼橋・鋼部材編（平成29年11月）	5,940
道路橋示方書・同解説Ⅲコンクリート橋・コンクリート部材編（平成29年11月）	3,960
道路橋示方書・同解説Ⅳ下部構造編（平成29年11月）	4,950
道路橋示方書・同解説Ⅴ耐震設計編（平成29年11月）	2,970
道路構造令の解説と運用（令和3年3月）	8,415
附属物（標識・照明）点検必携（平成29年7月）	1,980
舗装設計施工指針（平成18年2月）	4,950
舗装施工便覧（平成18年2月）	4,950
舗装設計便覧（平成18年2月）	4,950
舗装点検必携（平成29年4月）	2,475
道路土工要綱（平成21年6月）	6,930
道路橋示方書（平成24年3月）Ⅰ～Ⅴ（合冊版）	14,685
道路橋示方書・同解説（平成29年11月）（Ⅰ～Ⅴ）5冊＋道路橋示方講習会資料集のセット	23,870
道路橋点検必携～橋梁点検に関する参考資料～（令和6年12月）	3,410

購入時，最新バージョンをご提供。その後は自動でバージョンアップされます。

上記電子版図書のご購入はこちらから
https://e-book.road.or.jp/

最新の更新内容をご案内いたしますのでトップページ
最下段からメルマガ登録をお願いいたします。

日本道路協会出版図書案内

【紙版】　　　　　　　　　　※消費税10％を含む（丸善出版発売）

図　書　名	ページ	定価（円）	発行年
交通工学			
クロソイドポケットブック（改訂版）	369	3,300	S49. 8
自転車道等の設計基準解説	73	1,320	S49.10
立体横断施設技術基準・同解説	98	2,090	S54. 1
道路照明施設設置基準・同解説（改訂版）	240	5,500	H19.10
附属物（標識・照明）点検必携 ～標識・照明施設の点検に関する参考資料～	212	2,200	H29. 7
視線誘導標設置基準・同解説	74	2,310	S59.10
道路緑化技術基準・同解説	82	6,600	H28. 3
道路の交通容量	169	2,970	S59. 9
道路反射鏡設置指針	74	1,650	S55.12
視覚障害者誘導用ブロック設置指針・同解説	48	1,100	S60. 9
駐車場設計・施工指針同解説	289	8,470	H 4.11
道路構造令の解説と運用（改訂版）	742	9,350	R 3. 3
防護柵の設置基準・同解説（改訂版） ボラードの設置便覧	246	3,850	R 3. 3
車両用防護柵標準仕様・同解説（改訂版）	164	2,200	H16. 3
路上自転車・自動二輪車等駐車場設置指針 同解説	74	1,320	H19. 1
自転車利用環境整備のためのキーポイント	140	3,080	H25. 6
道路政策の変遷	668	2,200	H30. 3
地域ニーズに応じた道路構造基準等の取組事例集（増補改訂版）	214	3,300	H29. 3
道路標識設置基準・同解説（令和2年6月版）	413	7,150	R 2. 6
道路標識構造便覧（令和2年6月版）	389	7,150	R 2. 6
橋　梁			
道路橋示方書・同解説（Ⅰ共通編）（平成29年版）	196	2,200	H29.11
〃（Ⅱ鋼橋・鋼部材編）（平成29年版）	700	6,600	H29.11
〃（Ⅲコンクリート橋・コンクリート部材編）（平成29年版）	404	4,400	H29.11
〃（Ⅳ下部構造編）（平成29年版）	572	5,500	H29.11
〃（Ⅴ耐震設計編）（平成29年版）	302	3,300	H29.11
平成29年道路橋示方書に基づく道路橋の設計計算例	564	2,200	H30. 6
道路橋支承便覧（平成30年版）	592	9,350	H31. 2
プレキャストブロック工法によるプレストレスト 　　コンクリートTげた道路橋設計施工指針	81	2,090	H 4.10
小規模吊橋指針・同解説	161	4,620	S59. 4

日本道路協会出版図書案内

【紙版】　　　　　　　　　　　　　　　　※消費税10％を含む（丸善出版発売）

図　書　名	ページ	定価（円）	発行年
道路橋耐風設計便覧（平成19年改訂版）	300	7,700	H20. 1
鋼道路橋設計便覧	652	7,700	R 2.10
鋼道路橋疲労設計便覧	330	3,850	R 2. 9
鋼道路橋施工便覧	694	8,250	R 2. 9
コンクリート道路橋設計便覧	496	8,800	R 2. 9
コンクリート道路橋施工便覧	522	8,800	R 2. 9
杭基礎設計便覧（令和2年度改訂版）	489	7,700	R 2. 9
杭基礎施工便覧（令和2年度改訂版）	348	6,600	R 2. 9
道路橋の耐震設計に関する資料	472	2,200	H 9. 3
既設道路橋の耐震補強に関する参考資料	199	2,200	H 9. 9
鋼管矢板基礎設計施工便覧（令和4年度改訂版）	407	8,580	R 5. 2
道路橋の耐震設計に関する資料 （PCラーメン橋・RCアーチ橋・PC斜張橋等の耐震設計計算例）	440	3,300	H10. 1
既設道路橋基礎の補強に関する参考資料	248	3,300	H12. 2
鋼道路橋塗装・防食便覧資料集	132	3,080	H22. 9
道路橋床版防水便覧	240	5,500	H19. 3
道路橋補修・補強事例集（2012年版）	296	5,500	H24. 3
斜面上の深礎基礎設計施工便覧	336	6,050	R 3.10
鋼道路橋防食便覧	592	8,250	H26. 3
改訂 道路橋点検必携～橋梁点検に関する参考資料～（令和6年版）	719	3,850	R 6.12
道路橋示方書・同解説Ⅴ耐震設計編に関する参考資料	305	4,950	H27. 4
道路橋ケーブル構造便覧	462	7,700	R 3.11
道路橋示方書講習会資料集	404	8,140	R 5. 3
舗　装			
アスファルト舗装工事共通仕様書解説（改訂版）	216	4,180	H 4.12
アスファルト混合所便覧（平成8年版）	162	2,860	H 8.10
舗装の構造に関する技術基準・同解説	104	3,300	H13. 9
舗装再生便覧（令和6年版）	342	6,270	R 6. 3
舗装性能評価法(平成25年版)―必須および主要な性能指標編―	130	3,080	H25. 4
舗装性能評価法別冊 ―必要に応じ定める性能指標の評価法編―	188	3,850	H20. 3
舗装設計施工指針（平成18年版）	345	5,500	H18. 2
舗装施工便覧（平成18年版）	374	5,500	H18. 2

日本道路協会出版図書案内

【紙版】　　　　　　　　　　　　※消費税10%を含む　(丸善出版発売)

図　書　名	ページ	定価(円)	発行年
舗　装　設　計　便　覧	316	5,500	H18. 2
透水性舗装ガイドブック２００７	76	1,650	H19. 3
コンクリート舗装に関する技術資料	70	1,650	H21. 8
コンクリート舗装ガイドブック２０１６	348	6,600	H28. 3
舗装の維持修繕ガイドブック２０１３	250	5,500	H25.11
舗装の環境負荷低減に関する算定ガイドブック	150	3,300	H26. 1
舗　装　点　検　必　携	228	2,750	H29. 4
舗装点検要領に基づく舗装マネジメント指針	166	4,400	H30. 9
舗装調査・試験法便覧（全4分冊）(平成31年版)	1,929	27,500	H31. 3
舗装の長期保証制度に関するガイドブック	100	3,300	R 3. 3
アスファルト舗装の詳細調査・修繕設計便覧	250	6,490	R 5. 3
道路土工			
道路土工構造物技術基準・同解説	100	4,400	H29. 3
道路土工構造物点検必携（令和5年度版）	243	3,300	R 6. 3
道　路　土　工　要　綱（平成21年度版）	450	7,700	H21. 6
道路土工－切土工・斜面安定工指針（平成21年度版）	570	8,250	H21. 6
道路土工－カルバート工指針（平成21年度版）	350	6,050	H22. 3
道路土工－盛土工指針（平成22年度版）	328	5,500	H22. 4
道路土工－擁壁工指針（平成24年度版）	350	5,500	H24. 7
道路土工－軟弱地盤対策工指針（平成24年度版）	400	7,150	H24. 8
道路土工－仮設構造物工指針	378	6,380	H11. 3
落　石　対　策　便　覧	414	6,600	H29.12
共　同　溝　設　計　指　針	196	3,520	S61. 3
道　路　防　雪　便　覧	383	10,670	H 2. 5
落石対策便覧に関する参考資料 ―落石シミュレーション手法の調査研究資料―	448	6,380	H14. 4
道路土工の基礎知識と最新技術（令和5年度版）	208	4,400	R 6. 3
トンネル			
道路トンネル観察・計測指針(平成21年改訂版)	290	6,600	H21. 2
道路トンネル維持管理便覧【本体工編】（令和2年版）	520	7,700	R 2. 8
道路トンネル維持管理便覧【付属施設編】	338	7,700	H28.11
道路トンネル安全施工技術指針	457	7,260	H 8.10
道路トンネル技術基準（換気編）・同解説（平成20年改訂版）	280	6,600	H20.10

日本道路協会出版図書案内

【紙版】　　　　　　　　　　　　　　※消費税10％を含む　（丸善出版発売）

図　書　名	ページ	定価(円)	発行年
道路トンネル技術基準（構造編）・同解説	322	6,270	H15.11
シールドトンネル設計・施工指針	426	7,700	H21. 2
道路トンネル非常用施設設置基準・同解説	140	5,500	R 1. 9
道路震災対策			
道路震災対策便覧（震前対策編）平成18年度版	388	6,380	H18. 9
道路震災対策便覧（震災復旧編）(令和4年度改定版)	545	9,570	R 5. 3
道路震災対策便覧（震災危機管理編）(令和元年7月版)	326	5,500	R 1. 8
道路維持修繕			
道　路　の　維　持　管　理	104	2,750	H30. 3
英語版			
道路橋示方書（Ⅰ共通編）〔2012年版〕（英語版）	160	3,300	H27. 1
道路橋示方書（Ⅱ鋼橋編）〔2012年版〕（英語版）	436	7,700	H29. 1
道路橋示方書（Ⅲコンクリート橋編）〔2012年版〕（英語版）	340	6,600	H26.12
道路橋示方書（Ⅳ下部構造編）〔2012年版〕（英語版）	586	8,800	H29. 7
道路橋示方書（Ⅴ耐震設計編）〔2012年版〕（英語版）	378	7,700	H28.11
舗装の維持修繕ガイドブック2013（英語版）	306	7,150	H29. 4
アスファルト舗装要綱（英語版）	232	7,150	H31. 3

紙版図書の申し込みは，丸善出版株式会社営業部に電話またはFAXにてお願いいたします。
〒101-0051　東京都千代田区神田神保町2-17　TEL(03)3512-3256　FAX(03)3512-3270

なお日本道路協会ホームページからもお申し込みいただけますのでご案内いたします。
・日本道路協会ホームページ　https://www.road.or.jp　出版図書 → 図書名 → 購入

また，上記のほか次の丸善雄松堂(株)においても承っております。

丸善雄松堂株式会社　法人営業部
FAX:03-6367-6161　Email:6gtokyo@maruzen.co.jp

※なお，最寄りの書店からもお取り寄せできます。